BIBLIOTHÈQUE DES ÉCOLES PRIMAIRES SUPÉRIEURES
ET DES ÉCOLES PROFESSIONNELLES
Publiée sous la Direction de FÉLIX MARTEL

AGRICULTURE ET HORTICULTURE

(Deuxième Année)

par

MONTOUX & LAMBERT

PARIS
LIBRAIRIE CH. DELAGRAVE
15 Rue Soufflot

AGRICULTURE

ET

HORTICULTURE

BIBLIOTHÈQUE DES ÉCOLES PRIMAIRES SUPÉRIEURES

ET DES ÉCOLES PROFESSIONNELLES

Publiée sous la direction de Félix MARTEL, Inspecteur général de l'Instruction primaire.

AGRICULTURE

ET

HORTICULTURE

(DEUXIÈME ANNÉE)

PAR

F.-A. MONTOUX

Professeur d'Agriculture
de l'arrondissement de Saint-Malo

A. LAMBERT

Professeur d'École normale
Directeur de l'École pre supe de Dol

PARIS

LIBRAIRIE CH. DELAGRAVE

15, RUE SOUFFLOT, 15

1895

PRÉFACE

Les programmes des écoles primaires supérieures de garçons, annexés à l'arrêté du 21 janvier 1893, contiennent, en ce qui concerne l'*Agriculture* et l'*Horticulture* théoriques, les indications suivantes pour les cours de deuxième et de troisième années :

Deuxième et troisième années :

Le sol et les eaux. — Assainissement. — Drainage et irrigation.

Opérations et instruments de la grande culture.

Cultures particulières à la région.

Prairies naturelles et artificielles. — Viticulture.

Grand et petit bétail. — Basse-cour. — Apiculture et sériciculture.

Jardinage. — Jardin potager, jardin fruitier ; travaux et produits.

Notions de sylviculture.

Économie agricole.

Comptabilité agricole.

Le volume que nous publions aujourd'hui étant destiné aux élèves de deuxième année, nous avons dû opérer la division de ce programme d'ensemble. Nous traitons, dans ce tome II de notre cours, du sol et des eaux, de l'assainissement, du drainage et des irrigations, des assolements, de la culture des plantes alimentaires, des plantes fourragères, des plantes industrielles, enfin des cultures arbustives et fruitières, et de la culture potagère et maraîchère. L'étude des autres questions pourra être plus utilement abordée par les élèves de troisième année.

La partie de ce livre, consacrée aux diverses cultures, est ornée d'un grand nombre de figures représentant les plantes dont il est parlé dans le texte. La plupart appartiennent à la riche collection de gravures dont MM. Vilmorin et Andrieux sont propriétaires. Ils ont bien voulu mettre cette collection à notre disposition avec une obligeance à laquelle déjà, pour notre premier volume, nous n'avons pas inutilement fait appel. Qu'ils nous permettent de leur adresser ici nos plus sincères remerciements.

AGRICULTURE

ET

HORTICULTURE

DEUXIÈME ANNÉE

CHAPITRE PREMIER

Le Sol et les Eaux.

1. **Sol et sous-sol.** — Avant d'étudier les rapports qui existent entre le sol et les eaux, il nous paraît utile de présenter un court résumé de l'étude générale du sol et du sous-sol, de manière à bien remettre en mémoire les principes généraux qui servent de base à l'enseignement agricole.

La *terre arable* est la terre remuée par les instruments aratoires. C'est dans la terre arable que les plantes trouvent leurs aliments.

Le *sous-sol* vient immédiatement au-dessous de la terre arable. L'ensemble du sous-sol et de la terre arable forme la *terre végétale*.

Le *sol inerte* est la couche de terre située au-dessous de la terre végétale.

La terre arable ou sol arable se compose de *sable*, d'*argile*, de *calcaire* et de *terreau*.

Le sable ne fait pas effervescence avec les acides : c'est de la silice presque pure.

L'argile pure est du silicate d'alumine. Mêlée au carbonate de chaux, elle s'appelle *marne*. Elle est souvent colorée en rouge par de l'oxyde de fer. L'argile forme avec l'eau une pâte imperméable, liante et grasse.

Le calcaire est du carbonate de chaux. Le carbonate de chaux fait effervescence avec les acides.

Le terreau provient de la décomposition lente et incomplète des matières animales et végétales mélangées au sol. Le principe essentiel du terreau est l'*humus*.

On peut rapporter les sols à quatre types, qui sont : les sols sableux, argileux, calcaires et tourbeux. On rencontre assez rarement le type parfait de l'un de ces terrains. Le plus souvent, les terres sont formées par l'union de deux des trois premiers types et l'on obtient les sols *argilo-sableux, argilo-calcaires*, *silico-calcaires*, etc. Si les trois éléments se trouvent dans le sol en proportions à peu près égales, on a alors ce qu'on appelle une *terre franche*.

La configuration du sol peut souvent avoir une grande influence sur la végétation. Si le sol est en pente, l'eau s'écoule facilement; si le sol est trop plat, l'eau séjourne à la surface.

La nature du sol et sa configuration ne sont pas les seuls facteurs qui influent sur la végétation : il faut tenir compte aussi de la nature du sous-sol.

Si la terre est argileuse et le sous-sol perméable, ce dernier corrige l'imperméabilité de l'argile, car l'égouttement des eaux se fait alors dans le sous-sol.

Si la terre est argileuse et le sous-sol imperméable, les défauts des terres fortes sont exagérés et il devient nécessaire de les assainir par le *drainage*.

Si le sol est sableux et le sous-sol perméable, les défauts des sols sableux sont rendus par ce fait plus intenses, et ils ne peuvent être corrigés que par l'emploi des *irrigations*.

Si enfin le sol est sableux et le sous-sol imperméable, la valeur agricole de la terre arable dépend de son inclinaison; plate, elle n'a de valeur qu'autant qu'il est possible de la *drainer;* inclinée, il y a avantage à la recouvrir de prairies permanentes.

2. **Pénétration de l'eau dans les divers éléments des terres arables.** — Les terres peuvent recevoir de l'eau de différentes façons : 1° par leur surface supérieure, grâce à la pluie; 2° par le sous-sol, grâce aux eaux souterraines qui remontent par capillarité; 3° par la vapeur d'eau contenue dans l'air et qui peut se condenser dans le sol.

3. **Pénétration de l'eau de pluie.** — L'eau de pluie qui tombe à la surface des terres pénètre dans le sol, s'il est perméable, ou reste à la surface, s'il est imperméable. Chaque nature de terre se comporte d'une manière différente, suivant son degré plus ou moins élevé de perméabilité et aussi suivant l'énergie plus ou moins grande avec laquelle elle retient l'eau dans l'intérieur de ses molécules. Nous allons démontrer le fait par une expérience :

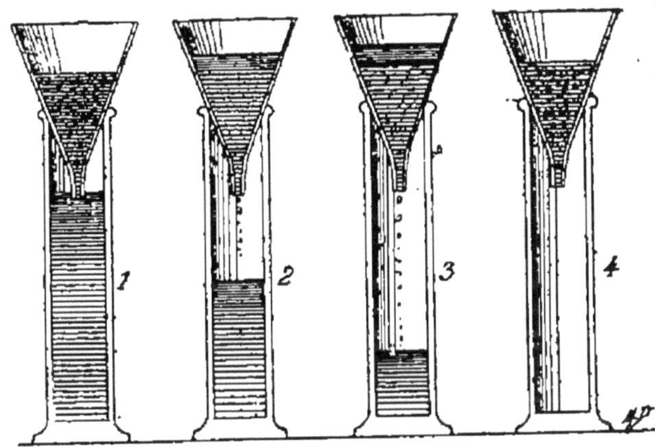

Fig. 1.

Mettons séparément dans quatre entonnoirs, 100 gr. de sable fin, 100 gr. d'argile plastique, 100 gr. de blanc de Meudon[1] réduit en poudre et 100 gr. d'humus[2].

Plaçons chacun de ces entonnoirs au-dessus d'une éprouvette à pied pouvant contenir 100 centimètres cubes.

Versons 100 centimètres cubes d'eau d'un seul coup,

1. Le blanc de Meudon est du carbonate de chaux.

2. On se procure de l'humus en malaxant du terreau dans une grande terrine remplie d'eau. Le sable tombe au fond, l'humus reste en suspension dans l'eau. On filtre et on met ensuite l'humus à dessécher dans une étuve; lorsqu'il est sec, on peut l'employer pour l'expérience.

sur chacune de ces matières. En quelques instants, tout le liquide est absorbé par l'humus; ce n'est qu'un peu plus tard que l'eau disparaît dans le sable; elle reste pendant quelque temps sans être absorbée par le blanc de Meudon et par l'argile plastique. En continuant l'expérience, on s'aperçoit que l'eau versée sur le sable s'écoule rapidement; l'éprouvette se remplit au bout de quelques instants. L'eau versée sur le calcaire filtre plus lentement et en proportions moindres que celle qui a été versée sur le sable; l'éprouvette est à moitié remplie.

L'argile plastique ne laisse passer qu'une très petite quantité de liquide et l'éprouvette de l'humus est absolument sèche à la fin de l'expérience.

Ceci démontre l'aptitude des divers éléments à se laisser pénétrer par l'eau et à la retenir dans leurs molécules.

M. Masure a déterminé les facultés d'imbibition des divers éléments : il a trouvé les chiffres suivants :

POIDS D'EAU RETENU PAR 100 GRAMMES DES DIVERS ÉLÉMENTS

Sable	19 grammes.
Calcaire	42 —
Argile	84 —
Humus	103 —

4. **Pénétration des eaux souterraines dans le sol.** — Un sol reçoit son humidité, non seulement par la pluie, mais aussi par les eaux souterraines qui remontent par capillarité jusqu'à la surface.

Le mouvement ascensionnel de l'eau est plus ou moins rapide, suivant les éléments dans lesquels il se produit. Pour le démontrer, prenons trois tubes de verre, 1, 2, 3, légèrement évasés à l'une de leurs extrémités, de manière à pouvoir y adapter une toile grossière. Introduisons dans le tube n° 1 du sable quartzeux; dans le tube n° 2, de l'argile sèche; dans le tube n° 3, de la craie. Le sable, l'argile et la craie ont été préalablement mélangés avec le tiers de leur poids de sulfate de cuivre desséché à 200 degrés[1].

Immergeons l'extrémité des tubes dans un vase rempli d'eau et observons ce qui va se passer.

En quelques heures, le sulfate de cuivre est complètement bleui dans toute la hauteur du tube renfermant le sable, tandis que dans le même temps 2 à 3 centimètres de la craie et 1 centimètre de l'argile sont seuls colorés. Cette expérience démontre clairement que le mouvement ascensionnel de l'eau est plus rapide dans le sable que dans le calcaire et l'argile. Les terrains sableux peuvent en conséquence recevoir une certaine quantité d'humidité par les couches souterraines. De même, aussi, les terrains fortement ameublis et profondément travaillés absorbent beaucoup plus d'eau par capillarité que les sols peu profonds et incomplètement remués par la culture.

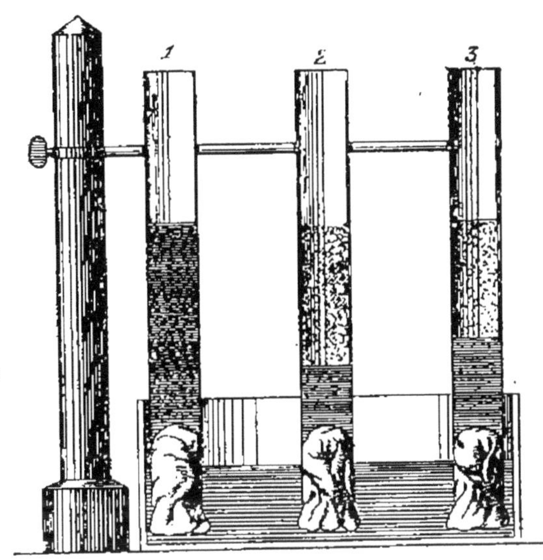

Fig. 2.

5. **Absorption de la vapeur d'eau par le sol.** — Les terres peuvent condenser une petite quantité de la vapeur d'eau contenue dans l'air. Cette absorption est tellement restreinte que son effet sur les plantes est à peine sensible; il n'y a pas lieu par conséquent de s'en occuper ici.

6. **Rôle de l'eau.** — L'eau joue un rôle considé-

1. Le sulfate de cuivre desséché à 200 degrés est blanc, par suite de la perte de son eau de cristallisation. Il possède la propriété de bleuir aussitôt qu'il est au contact de l'eau.

rable à la surface de la terre. Les plantes ne peuvent vivre sans eau; l'eau est nécessaire pour que la dissolution et le transport des matériaux de nutrition soient effectués dans le sol et au sein de l'organisme végétal.

L'eau dissout ou entraîne une partie des matériaux avec lesquels elle se trouve en contact. La dissolution des carbonates, sulfates, chlorures, nitrates, humates contenus dans le sol, ne pourrait avoir lieu sans sa présence.

Pour être propre à la végétation, une terre doit renfermer une proportion de 10 % de son poids d'eau, jusqu'à une profondeur de 0^m30. Cette quantité se trouve la plupart du temps dans les terrains, à moins d'une sécheresse exceptionnelle. La proportion d'eau ne doit pas dépasser 23 % du poids de la terre; au delà de cette limite, les plantes souffrent de l'humidité.

L'excès et le manque d'eau constituent deux dangers que le cultivateur doit essayer de combattre dans la mesure de ses moyens.

Nous arrivons ainsi tout naturellement à l'étude du *Drainage* et des *Irrigations*.

CHAPITRE II

Assainissement. — Drainage.

7. Le *drainage* est une opération dont le but est de faire écouler les eaux qui s'accumulent en excès dans les terres et nuisent aux plantes qu'on y cultive.

Cette opération a aussi pour effet d'assainir les terres sur lesquelles on la pratique.

Un sol trop humide est non seulement peu favorable à la végétation des plantes utiles, mais il est également malsain pour les animaux et pour les hommes.

Pour apprécier toute l'utilité du drainage, il suffit de se rendre compte des effets désastreux que produit sur une contrée la présence de surfaces marécageuses.

Nous avions en France, il y a moins de cinquante ans, une région assez vaste — la Sologne, — dans laquelle les habitants étaient décimés par les fièvres intermittentes. Cette région était constituée par une plaine nue et marécageuse. Des travaux d'assainissement, (drainage des terres, création de fossés d'écoulement, curage et régularisation des cours d'eau) ont suffi pour faire disparaître les fièvres du pays; ils ont en même temps eu pour effet d'améliorer dans de grandes proportions la culture du sol.

Les eaux stagnantes sont toujours nuisibles à la végétation, et cela pour plusieurs raisons : 1° elles privent d'air les sols et les plantes et font par conséquent disparaître les bonnes plantes pour favoriser la croissance des plantes aquatiques; 2° elles rendent les sols froids en les empêchant de se réchauffer promptement aux rayons du soleil; 3° elles nuisent à l'assimilation des engrais.

8. **Moyens de reconnaître un sol trop humide.** — Certains terrains, sans être couverts d'eau, éprouveraient les plus grands bienfaits du drainage. Voici, d'après Barral, les signes caractéristiques d'une terre qui a besoin d'être drainée :

« Partout, dit-il, où quelques heures après une pluie on aperçoit l'eau qui séjourne; partout où la terre est forte, grasse, s'attache au soulier, où le pied laisse des cavités dans lesquelles l'eau demeure; partout où le bétail ne peut pénétrer après un temps pluvieux sans enfoncer; partout où le soleil forme sur la terre une croûte dure, légèrement fendue, resserrant comme dans un étau les racines des plantes; partout où l'on voit les dépressions de terrain plus humides que le reste des pièces, trois ou quatre jours après les pluies; partout où un bâton enfoncé à une profondeur de 0m40 à 0m50, forme un trou qui ressemble à un puits au fond duquel l'eau s'aperçoit; partout où la tradition a consacré comme avantageux l'usage de la culture en billons, le drainage produira de bons effets. »

Quelques plantes sont également caractéristiques des terres humides. Les plus communes sont : les renoncules langue et flammette, le pâturin aquatique, le plantain d'eau, la cardamine des prés, le cirle des marais, le lichnide fleur de coucou, la pédiculaire des marais, la scrofulaire aquatique, la menthe aquatique, etc.

9. **Projet de drainage.** — Tout drainage doit être précédé d'un projet sur le papier. Il est en effet beaucoup plus facile de se rendre compte de la configuration du sol sur un plan bien fait que sur le terrain lui-même.

En conséquence, on devra d'abord lever le plan du terrain à drainer, puis on le reportera sur le papier à l'échelle que l'on aura choisie.

Il faudra aussi opérer le nivellement du sol, de manière

à déterminer les courbes de niveau ; celles-ci devront être également reportées sur le papier.

La figure A B C D E représente un plan de drainage. Les lignes 1, 2, 3, sont les courbes de niveau. En les examinant, on constate que le terrain présente trois pentes distinctes suivant les flèches *m*, *m'*, *m''*.

Le *drain collecteur* I J sera placé suivant la pente *m*, les

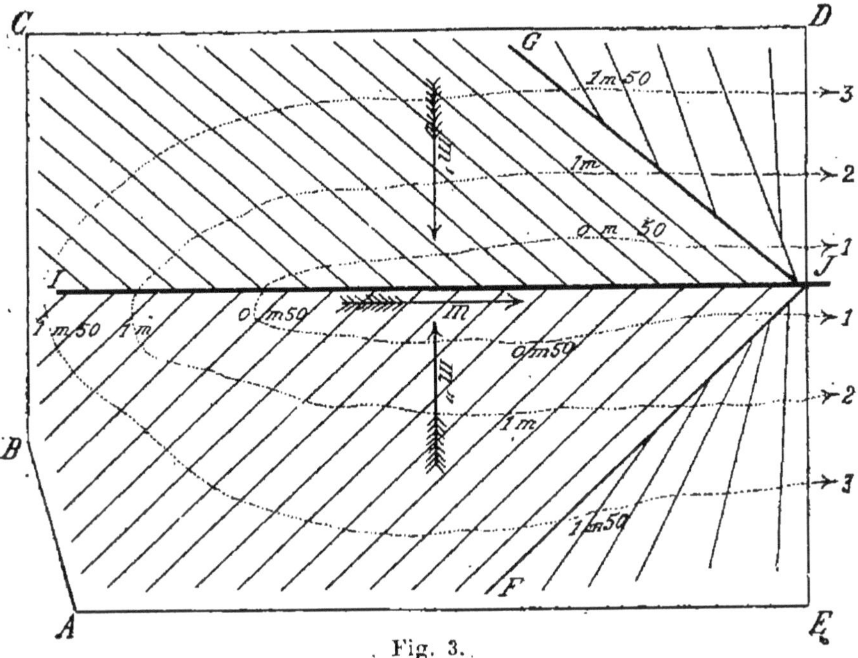

Fig. 3.

drains asséchants ou *petits drains* suivront une direction oblique aux pentes *m'* et *m''*[1].

10. **Ecartement des drains.** — La distance qui doit séparer les drains varie avec la nature du sol et la quantité d'eau plus ou moins considérable à évacuer ; l'écartement moyen est de 10 à 12 mètres.

La direction à leur donner varie suivant que l'on a affaire aux drains collecteurs ou aux drains asséchants. Les collecteurs doivent être placés dans les points les plus bas des terrains à drainer. Les drains asséchants sont

1. Les petites lignes noires représentent les drains asséchants : la grosse ligne, le drain collecteur ; les lignes pointillées, les courbes de niveau.

dirigés suivant la plus grande pente du sol, si elle n'excède pas $0^{m}10$ par mètre. Dans le cas où la pente est plus forte, on leur fait suivre une direction oblique à la pente. Le raccordement des drains asséchants avec les drains collecteurs doit se faire sous un angle suffisamment aigu, 85 degrés au plus.

11. **Tracé sur le terrain.** — Une fois le plan du drainage arrêté sur le papier, il faut en exécuter le tracé sur le terrain. On trace d'abord les drains collecteurs, en commençant par leur extrémité inférieure. On détermine ensuite la position des drains asséchants en les faisant partir du collecteur dans lequel ils doivent se déverser. On doit également faire aboutir les collecteurs à un fossé de décharge, qui entraîne les eaux de drainage vers des points moins élevés.

12. **Profondeur et largeur des tranchées.** — La profondeur à donner aux tranchées varie avec la nature du sol et avec l'écartement des drains. Quand le sol est peu filtrant, on fait les tranchées moins profondes que lorsqu'il est perméable. Plus l'écartement des tranchées est considérable, plus les drains doivent être profonds. La profondeur moyenne des tranchées est de 1 mètre, avec des extrêmes de $0^{m}60$ et $1^{m}40$.

Les drains collecteurs ou *maîtres drains* doivent être placés plus profondément que les drains asséchants.

La largeur des tranchées varie suivant leur profondeur. On leur donne en général de $0^{m}50$ à $0^{m}60$ de largeur à l'ouverture, quel que soit le genre de drainage. Dans le fond, les tranchées ont $0^{m}05$, $0^{m}10$, $0^{m}20$ de largeur, quand on emploie des tuyaux; pour les conduits en pierre, il faut une largeur de $0^{m}30$ à $0^{m}40$.

Le fond des tranchées doit être légèrement en pente, pour que l'eau puisse s'écouler facilement. La pratique a constaté que la pente la plus favorable était de $0^{m}003$ par mètre.

13. **Des systèmes de drainage.** — Les systèmes de drainage sont nombreux, mais tous peuvent se rapporter

à quatre types principaux : 1° le *drainage avec tuyaux en terre* ; 2° le *drainage en pierres plates* ou *drainage en aqueduc ;* 3° le *drainage avec pierres cassées ;* 4° le *drainage avec matières diverses,* (billons de bois, fascines, fagots, etc.)

Fig. 4.

Drainage avec tuyaux en terre. — Les tuyaux de drainage employés ont des dimensions variables : les drains asséchants ont ordinairement 0m33 de longueur et 0m035 de diamètre interne. Les tuyaux pour drains collecteurs ont de 0m05 à 0m06 de diamètre intérieur; leur longueur est la même que celle des petits drains.

Pour obtenir un conduit, on place les tuyaux bout à bout au fond de la tranchée. Le raccordement de deux tuyaux est obtenu à l'aide de manchons spéciaux ou de couvre-joints formés par des portions de tuyaux brisés. La pose des tuyaux doit toujours commencer par la partie supérieure des tranchées.

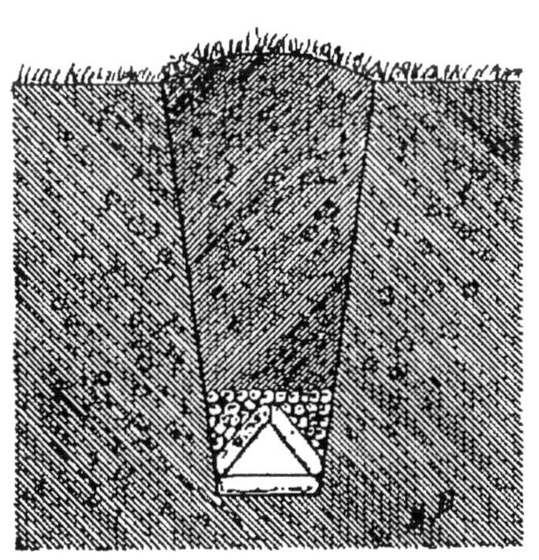

Fig. 5.

Drainage en pierres plates. — Les drains en pierres plates sont à section quadrangulaire ou triangulaire. On les construit avec des pierres plates ou *plaquettes* ayant une bonne résistance.

Les drains à section quadrangulaire sont faciles à construire, quand les pierres sont régulières ; il n'en est pas de même pour ceux à section triangulaire.

On peut recouvrir les conduits d'une couche de cailloux de 0^m20 d'épaisseur : l'eau est ainsi mieux filtrée.

Drainage avec pierres cassées. — La couche de cailloux que l'on met au fond de la tranchée doit avoir une épaisseur minimum de 0^m30. Les tranchées destinées à recevoir les pierres cassées doivent avoir une largeur de 0^m30 à 0^m35 à leur partie inférieure.

Fig. 6.

Drainage avec matières diverses. — Ce genre de drainage s'exécute, ainsi que son nom l'indique, avec des matériaux de diverses natures; le bois est cependant le plus souvent employé.

On peut employer des faisceaux de perches placées bout à bout, des billons de bois, des fagots, etc., etc. Les bois résineux sont ceux que l'on doit préférer pour cet usage.

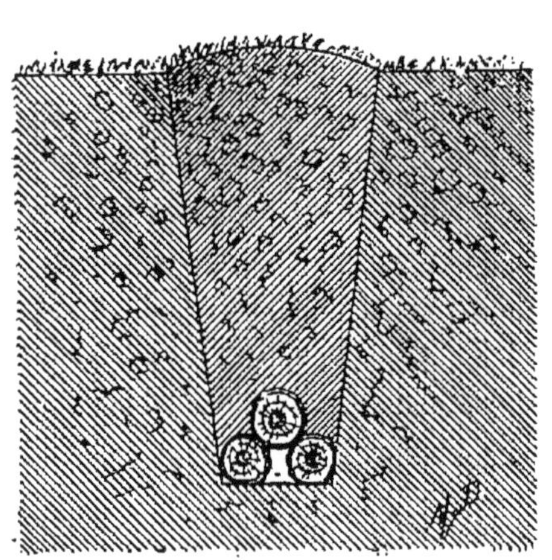

Fig. 7.

14. **Remplissage des tranchées.** — Quand une tranchée est garnie de son drainage, on doit s'occuper de la remplir. Pour cela, on projette d'abord dans la tranchée la terre la plus divisée, puis, lorsqu'elle a atteint une épaisseur de 0^m30 à 0^m40, on commence à la tasser avec un pilon. On jette ensuite une autre quantité de terre que l'on tasse de la même

façon. Il faut remettre la terre végétale à la même place qu'elle occupait avant l'opération. Si l'on ne prenait pas cette précaution, on diminuerait la qualité du sol. Avant de remplir les tranchées, il est bon de placer des fagots de bruyère au-dessus des conduits pour empêcher la terre de les obstruer en partie.

Lorsque le remplissage est terminé, il ne reste plus trace des fossés. Le drainage n'a donc pas l'inconvénient de gêner la libre circulation dans l'intérieur du champ; la surface de terre cultivable reste également toujours la même. Ces deux conditions ne seraient pas remplies, si l'assainissement du terrain se faisait au moyen de fossés ouverts.

15. **Bouche d'évacuation** (fig. 8). — On désigne sous ce nom le point où un drain débouche dans un fossé ou dans un canal de décharge. La bouche d'évacuation doit être garantie par un grillage, de manière à empêcher les souris, campagnols, rats, crapauds, de s'introduire dans les conduits et de les obstruer. Si le débit des drains est assez considérable, il faut établir un pavage devant la bouche, afin d'éviter le ravinement.

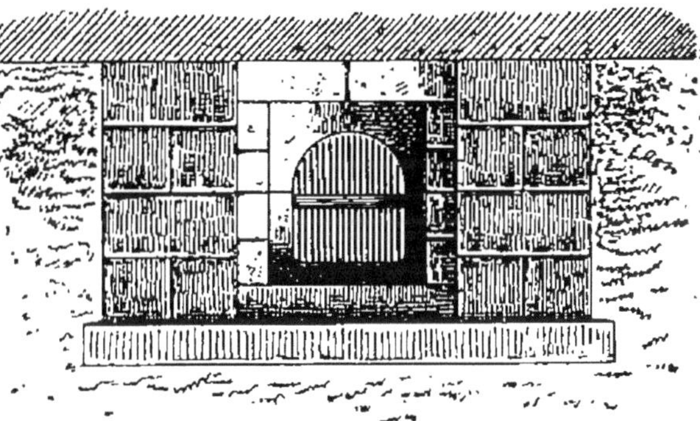

Fig. 8.

16. **Regard** (fig. 9). — Le *regard* est une sorte d'ouverture placée sur le parcours d'un collecteur et qui permet de s'assurer de son bon fonctionnement. Cette ouverture est faite en maçonnerie ou au moyen de tuyaux de poterie.

17. **Prix de revient du drainage.** — Le prix de revient du drainage varie suivant l'écartement et la profondeur des drains, la nature du sol et celle des

matériaux employés. En terrain ordinaire, le prix oscille entre 200 et 300 francs par hectare.

18. **Bons effets du drainage.** — Le drainage, lorsqu'il est pratiqué dans de bonnes conditions, a une influence salutaire sur la culture des terres. Il permet l'aération du sol par suite de l'écoulement des eaux qui en obstruaient les couches; l'ameublissement du sol, autrefois presque impossible, peut être obtenu facilement. En outre, le drainage assainit les contrées dans lesquelles il est pratiqué et le sol acquiert une plus-value que soutient une fertilité toujours croissante.

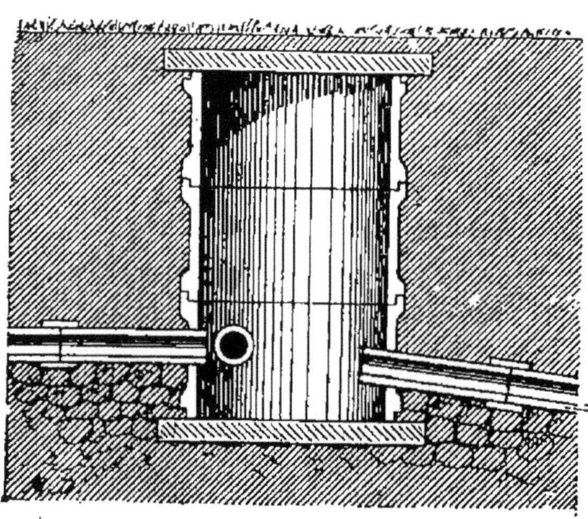

Fig. 9.

Dans les sols bourbeux et dans les terrains trop plats, il n'est pas possible d'assainir la terre par le drainage. On se contente de creuser des fossés d'écoulement : la terre extraite de ces fossés sert à exhausser le sol et permet de le cultiver dans de bonnes conditions.

19. **Dispositions légales applicables au drainage.** — Aux termes de l'article 1er de la loi du 10 juin 1854, tout propriétaire qui veut assainir son terrain par le drainage peut, moyennant indemnité, en conduire les eaux souterrainement ou à ciel ouvert, à travers les propriétés qui séparent ce fonds d'un cours d'eau ou de toute autre voie d'écoulement. Sont exceptés de cette servitude, les cours, parcs, jardins clos attenant aux habitations.

D'après l'article 2 de la même loi, les propriétaires des

fonds voisins ou traversés ont la faculté de se servir des travaux faits en vertu de l'article précédent, pour l'écoulement des eaux de leurs fonds. Dans ce cas, ils supportent une part proportionnelle dans la valeur des travaux dont ils profitent et une part contributive dans l'entretien des travaux devenus communs.

Les articles 3 et 4 concernent les associations de propriétaires, les syndicats, les communes et les départements qui veulent exécuter des assainissements. Aux termes de ces articles, les travaux de drainage exécutés par les syndicats, les communes et les départements, peuvent être déclarés d'utilité publique par décret rendu en Conseil d'Etat.

CHAPITRE III

Irrigations.

20. L'*irrigation* est une opération qui consiste à répartir sur le sol l'eau dont on peut disposer, pour apporter dans les terres l'humidité nécessaire à la végétation des plantes. L'irrigation peut aussi avoir pour but d'apporter des matières fertilisantes sur le sol.

Toutes les fois qu'on voudra pratiquer l'irrigation, il faudra se faire une loi de ce principe : *L'eau doit arriver partout et ne séjourner nulle part.*

21. **Canaux et rigoles d'irrigation.** — Les canaux et rigoles d'irrigation prennent différentes dénominations, qu'il est utile de connaître. On appelle *canal de dérivation* celui qui prend la totalité ou une partie de l'eau d'un cours d'eau ou d'un réservoir pour le diriger à la partie supérieure des terrains à arroser.

On donne le nom de *canal d'amenée* à celui qui, prenant les eaux au canal de dérivation ou au réservoir, est chargé de les conduire jusqu'au point de répartition.

Les rigoles d'alimentation sont les conduits qui prennent une partie de l'eau du canal d'amenée pour alimenter les rigoles de répartition.

On appelle *rigoles de distribution* ou *de répartition* celles qui prennent l'eau des rigoles d'alimentation pour la répartir entre les rigoles d'arrosage.

Les *rigoles d'arrosage* sont celles qui sont chargées de répandre l'eau uniformément à la surface du sol.

On donne enfin le nom de *rigoles de colature* ou d'égouttement à celles qui suivent les parties les plus basses du terrain. Elles servent à évacuer les eaux.

22. **Des systèmes d'irrigation.** — Il existe différents systèmes d'irrigation ; tous peuvent se rapporter à quatre types, qui sont :

1° L'*irrigation par déversement ;*
2° L'*irrigation par submersion ;*
3° L'*irrigation par infiltration ;*
4° L'*irrigation par aspersion.*

23. **Irrigation par déversement** (fig. 10). — L'irrigation par déversement ne peut se pratiquer que sur un terrain à pente suffisamment rapide. On trace des rigoles suivant les lignes de niveau du terrain et on les

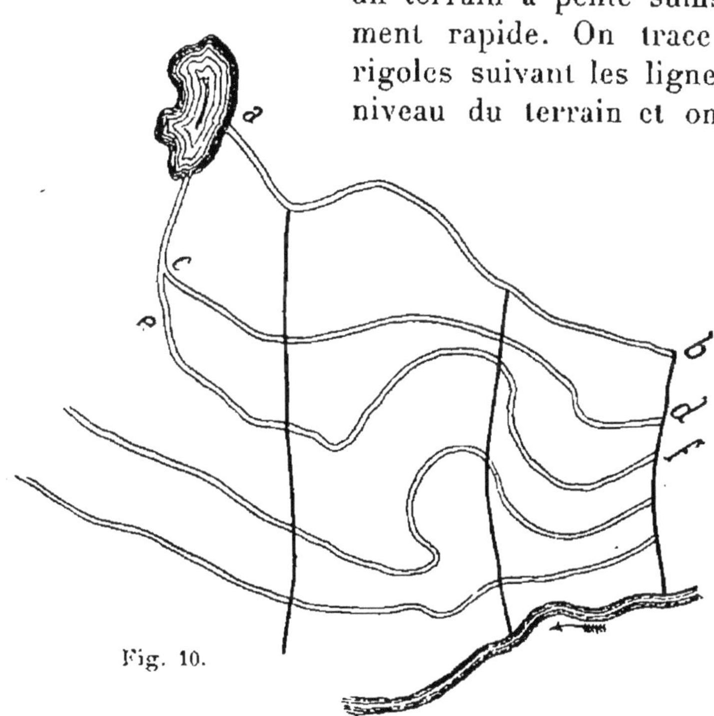

Fig. 10.

espace d'autant moins que le sol a plus de pente.

La rigole supérieure se remplit d'eau et laisse écouler l'excédent qui arrive en une nappe mince sur la surface du sol qui la sépare du deuxième conduit. La deuxième rigole se remplit comme la première et déverse son excédent sur la partie du champ qui la sépare de la troisième, et ainsi de suite jusqu'à l'extrémité de la surface à irriguer.

Si la pente du terrain est régulière, les rigoles de

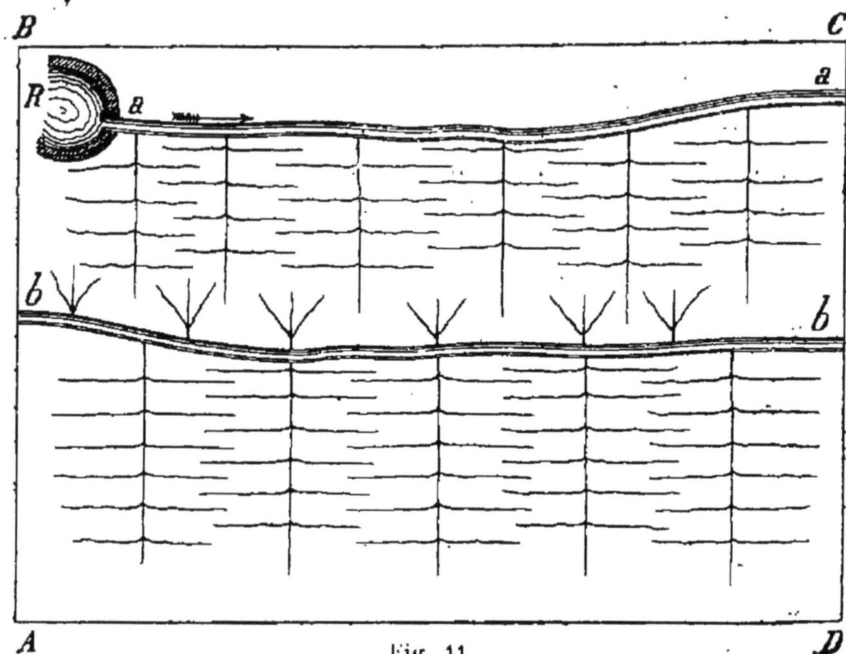

Fig. 11.

niveau sont à peu près parallèles, et, dans ce cas, on peut leur donner le même écartement. Plus le terrain est en pente, moins on leur donne d'écartement.

L'espacement entre les rigoles varie depuis 2 mètres

Fig. 12.

jusqu'à 40 mètres d'écartement. A ce type d'irrigation se rapporte la méthode par *rigoles inclinées* ou par *razes* (fig. 11). Cette méthode, dite aussi irrigation par *rigoles en épis,* consiste à répartir, sur le terrain, des rigoles principales de distribution, d'où se détachent des rigoles secondaires, tracées en ligne droite ou en ligne courbe suivant la pente du terrain.

A l'irrigation par déversement se rattache également la méthode *par planches en ados* (fig. 12). Cette méthode

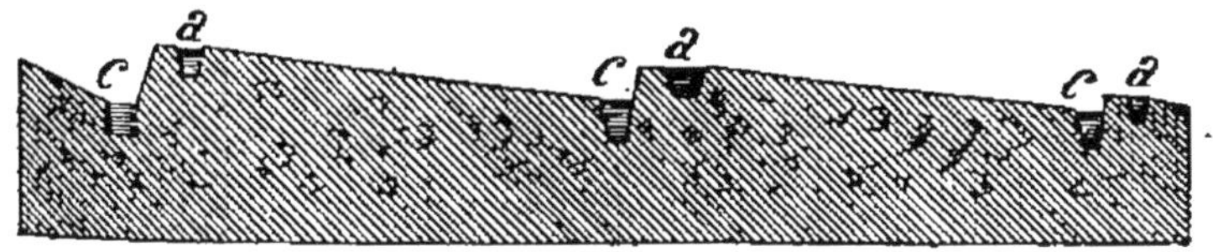

Fig. 13.

consiste à diviser le sol en larges planches bombées disposées perpendiculairement à la pente. A la partie supérieure de ces planches, on établit des rigoles de distribution,

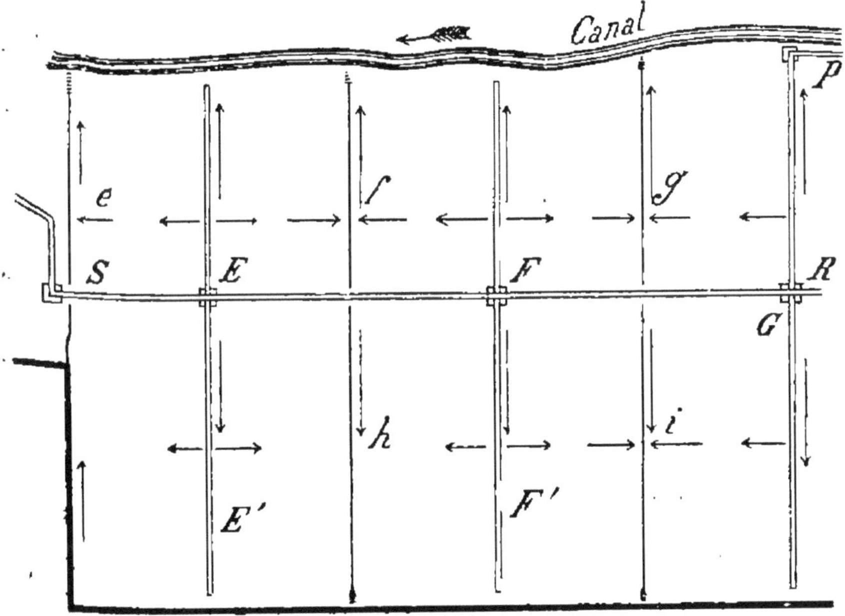

Fig. 14.

d'où l'eau se déverse uniformément sur les deux ailes et tombe dans des rigoles d'égouttement ménagées entre les planches et qui aboutissent à un *fossé de colature*.

L'irrigation par *demi-planches* superposées (fig. 13) appartient également au type d'irrigation par déversement.

Ce système s'applique aux terrains présentant une pente assez sensible : il est relativement peu usité.

24. **Irrigation par submersion** (fig. 14). — Chaque année, certains cours d'eau sortent de leur lit et envahissent les terrains riverains. Ce débordement est l'irrigation naturelle par submersion.

L'homme peut pratiquer cette irrigation dans les terrains où le niveau est inférieur à celui d'un cours d'eau ou d'un canal. Si le terrain ne se trouve pas placé à un niveau inférieur, on peut faire monter l'eau au moyen de machines élévatoires.

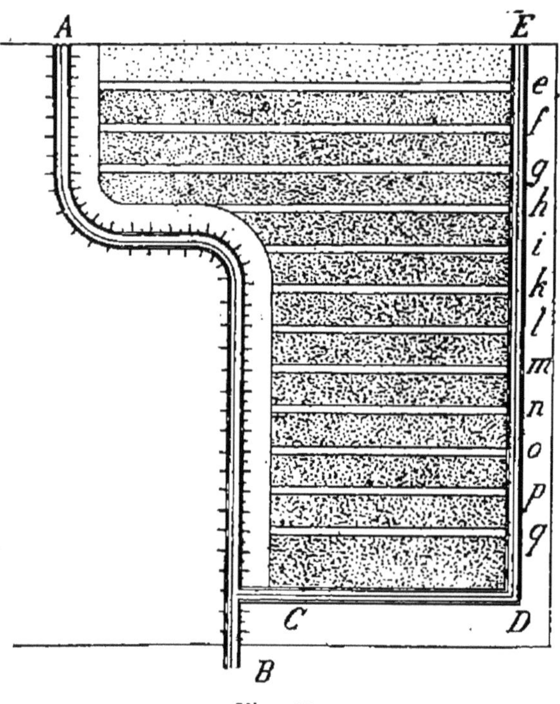

Fig. 15.

Ce système a été beaucoup employé pour la submersion des vignobles en vue de détruire le phylloxera. Les résultats qu'on a obtenus ont été satisfaisants.

Pour opérer l'irrigation par submersion, on divise le terrain en compartiments, au moyen de talus en terre de 0m50 à 0m60 de hauteur.

25. **Irrigation par infiltration** (fig. 15). — Dans l'irrigation par infiltration, l'eau est maintenue courante ou stagnante dans de petites rigoles creusées parallèlement les unes aux autres. Elle s'infiltre dans la terre qu'elle imbibe sur une étendue qui varie avec la perméabilité du sol et la quantité d'eau mise dans les rigoles.

Ce genre d'irrigation est surtout employé, sous les climats méridionaux, dans la culture de certaines céréales (maïs) et dans celle des plantes potagères. C'est aussi la méthode qu'on emploie pour l'utilisation des eaux d'égout.

26. **Irrigation par aspersion.** — Cest l'irrigation employée journellement par les jardiniers, quand ils arrosent leurs semis et plantations.

En Angleterre, on répand le purin par ce système au moyen de canalisations souterraines.

27. **Préparation du terrain.** — Quel que soit le genre d'irrigation employé, il est toujours nécessaire d'exécuter quelques travaux de terrassement, de manière à assurer un écoulement régulier de l'eau sur le sol. Toutes les dépressions du terrain doivent être comblées, car sans cela elles se transformeraient en réservoirs dans lesquels l'eau croupirait, ce qui rendrait toute végétation impossible sur ces points. Il faut également faire disparaître toutes les éminences de terre ; on se sert des matériaux de déblai pour combler les dépressions du sol.

28. **Des eaux employées en irrigation.** — Les eaux les plus employées en irrigation sont les eaux des sources et des cours d'eau. On utilise également les eaux d'égouts et les eaux de pluie.

Eau de sources. — Si le débit des sources est suffisant, on peut se servir de l'eau qu'elles fournissent pour irriguer, sans emmagasinement préalable dans un réservoir. Au contraire, si leur débit est faible, il est nécessaire de capter l'eau dans un réservoir avant de l'utiliser pour l'irrigation.

Aux eaux des sources peuvent se rattacher celles des puits qu'on peut également utiliser pour irriguer les terres. Il faut dans ce cas se servir de machines élévatoires, norias, pompes, mues par un manège ou par une machine à vapeur.

On doit alors emmagasiner les eaux de puits dans un réservoir, à moins toutefois que le débit ne soit suffisant pour qu'on puisse les employer immédiatement à l'irrigation.

Dans quelques pays, et notamment dans le sud algérien, on a creusé des puits artésiens dont les eaux servent à arroser les terres. Le forage de ces puits a permis la création de nouvelles oasis.

29. **Eau des cours d'eau.** — Pour irriguer les terrains avec l'eau des cours d'eau, il est nécessaire de créer des canaux de dérivation pour conduire l'eau au point où elle doit être utilisée.

Lorsqu'on veut dériver tout ou partie d'un cours d'eau, il faut établir un barrage en aval du canal de dérivation. Ce barrage a pour but d'élever le niveau de l'eau dans le cours d'eau ; il peut être fixe ou mobile.

Le canal de dérivation doit être pourvu de *vannes* et d'*écluses*, de manière à régulariser l'entrée de l'eau suivant les besoins.

30. **Eaux d'égouts.** — Les égouts sont des galeries souterraines construites en maçonnerie et destinées à débarrasser les villes populeuses d'une partie des débris de la vie journalière de ses habitants en même temps que des eaux de pluie. Dans la plupart des cas, les égouts se jettent dans les cours d'eau, au double détriment de l'hygiène et de l'agriculture.

Au lieu d'empoisonner les fleuves et les rivières, il vaudrait beaucoup mieux épurer les eaux d'égouts en les épandant sur le sol. Les plantes pourraient ainsi utiliser une grande quantité d'éléments fertilisants et les cours d'eau ne seraient plus transformés en cloaques infects.

Malheureusement, la plupart des villes n'ont pour objectif que de se débarrasser sans trop de frais de leurs eaux d'égouts, sans souci d'observer les principes de l'hygiène. Quelques essais d'utilisation des eaux d'égouts ont été faits, notamment dans la plaine de Gennevilliers, près de Paris. L'expérience entreprise sur six hectares en 1869 démontra clairement que l'utilisation des eaux d'égouts était possible sous le climat de Paris.

Les cultivateurs acceptèrent difficilement les eaux d'égouts dans les premières années ; mais, à la suite des résultats obtenus, leur emploi s'est peu à peu généralisé dans la commune de Gennevilliers.

Au point de vue agricole, l'importance de l'utilisation des eaux d'égouts serait donc considérable, si elle était généralisée.

31. **Epoques des irrigations.** — Suivant la saison dans laquelle on les pratique, on distingue les irrigations d'hiver et les irrigations d'été.

Irrigations d'hiver. — Les irrigations d'hiver se font depuis l'automne jusqu'au printemps. Le but des irrigations d'hiver est d'enrichir le sol par le limon fertilisant tenu en suspension dans l'eau ou par les matières diverses qui peuvent y être dissoutes.

Dans les irrigations d'hiver, on emploie de grandes masses d'eau qu'on fait séjourner pendant quelque temps sur le sol. Il faut éviter d'irriguer par les très grands froids.

Irrigations d'été. — Les irrigations d'été ont surtout pour but de fournir aux terres et aux plantes la fraîcheur qui leur est nécessaire. Les arrosages doivent se répéter souvent en été, mais l'eau ne doit pas séjourner longtemps sur le sol.

Dans le Midi, les irrigations d'été doivent surtout se faire pendant la nuit, pour éviter une trop grande différence de température entre le sol et l'eau.

Les quantités d'eau à employer pour l'irrigation des terres varient avec le climat et le degré plus ou moins grand de perméabilité du sol.

On ne peut guère employer moins de 50,000 mètres cubes d'eau par hectare et par an, et on peut sans inconvénient décupler cette dose sur des terres très perméables.

32. **Dispositions légales applicables aux irrigations.** — Article 641, Code civil : « Celui qui a une source dans un fonds peut en user à sa volonté, sauf le droit que le propriétaire du fonds inférieur pourrait avoir acquis par titre ou par prescription. »

Les règles qui concernent les eaux de source peuvent s'appliquer aux eaux pluviales; ces eaux forment l'accessoire du fonds où elles tombent et le propriétaire peut en disposer en maître.

Article 644, Code civil : « Celui dont la propriété borde une eau courante peut s'en servir à son passage pour l'irrigation de ses propriétés.

« Celui dont cette eau traverse l'héritage peut même en user dans l'intervalle qu'elle y parcourt, mais à la charge de la rendre à la sortie de ses fonds, à son cours ordinaire. »

Loi du 29 avril 1845, sur les irrigations. « 1° Tout propriétaire qui voudra se servir, pour l'irrigation de ses propriétés, des eaux naturelles ou artificielles dont il a le droit de disposer, pourra obtenir le passage de ces eaux sur les fonds intermédiaires, à la charge d'une juste et préalable indemnité. Sont exemptés de cette servitude les maisons, cours, jardins, parcs et enclos attenants aux habitations.

2° Les propriétaires des fonds inférieurs devront recevoir les eaux qui s'écouleront des terrains ainsi arrosés, sauf l'indemnité qui pourra leur être due. Seront également exceptés de cette servitude les maisons, cours, jardins, parcs et enclos attenants aux habitations.

3° La même faculté de passage sur les fonds intermédiaires pourra être accordée au propriétaire d'un terrain submergé en tout ou en partie, à l'effet de procurer aux eaux nuisibles leur écoulement.

4° Les contestations auxquelles pourront donner lieu l'établissement de la servitude, la fixation du parcours de la conduite d'eau, de ses dimensions et de sa forme, et les indemnités dues, soit au propriétaire du fonds traversé, soit à celui du fonds qui recevra l'écoulement des eaux, seront portées devant les tribunaux, qui, en prononçant, devront concilier l'intérêt de l'opération avec le respect dû à la propriété. — Il sera procédé devant les tribunaux comme en matière sommaire, et, s'il y a lieu à expertise, il pourra n'être nommé qu'un seul expert. »

CHAPITRE IV

Des Assolements.

33. **Définitions.** — On entend par *assolement* la succession méthodique des plantes sur les terres arables d'un domaine.

On appelle *sole* une division ou portion de domaine, recevant une des plantes qui fait partie de l'assolement.

La *rotation* est l'ordre de succession des récoltes dans la même sole.

34. **Théories des assolements.** — Diverses théories ont été émises sur la nécessité de faire alterner les cultures ; nous allons les passer rapidement en revue.

Antipathie des plantes. — D'après cette théorie, il y aurait antipathie des plantes entre elles, quand elles se succèdent sur un même sol et qu'elles appartiennent à la même famille.

Cette hypothèse est fausse, car on peut cultiver pendant très longtemps la même plante sur le même sol. Le comte de Gasparin cite entre autres un terrain près de Nîmes, sur lequel on avait cultivé du froment pendant quarante ans. D'après M. Heuzé, toutes les plantes sont antipathiques à elles-mêmes sur sol pauvre, et elles sont sympathiques quand le sol est riche.

Excrétions des plantes. — Certains savants ont pensé que les racines des plantes émettaient dans le sol des excréments qui, par leur présence, étaient nuisibles pour les plantes semblables à celles qui les avaient produites.

M. Boussingault a démontré par des expériences concluantes la fausseté de cette hypothèse.

Hypothèse de Rozier. — Rozier a fait remarquer que les différentes plantes ne puisaient pas leur nourriture à la même profondeur, et, d'après lui, ce serait pour cette raison qu'on devrait faire alterner les cultures.

Alternance. — Il est démontré que, si l'on fait plusieurs récoltes sans fumier, sur un même sol, les produits diminuent. On a également reconnu que les plantes épuisent le sol de façons différentes. Quelques-unes, trèfle, luzerne et autres légumineuses, l'appauvrissent peu, mais toutes l'appauvrissent.

L'épuisement partiel du sol s'explique par la faculté d'absorption élective, c'est-à-dire par la faculté qu'ont les plantes de choisir tels ou tels éléments qui leur conviennent.

Si l'on tient compte de cette faculté d'absorption élective, on comprend aisément que, si l'on cultive plusieurs années de suite sur la même terre des plantes de même nature, elles ne trouveront plus au bout d'un certain temps les aliments qui leur sont nécessaires. L'alternance est le moyen d'obtenir d'une terre de moyenne fertilité la plus grande somme de produits utiles. On peut faire alterner des plantes sarclées et fourragères (plantes *améliorantes*) avec les plantes dites *épuisantes* (céréales). Ces dernières sont celles qui prennent les éléments les plus rares dans des proportions très élevées. Les plantes dites améliorantes épuisent aussi le sol, mais dans de moindres proportions.

Les plantes améliorantes sont améliorantes par nature ou par destination. Les plantes améliorantes par nature sont les légumineuses qui vont puiser une grande partie de leur nourriture dans les profondeurs du sol et qui, en outre, empruntent beaucoup à l'air.

Les plantes améliorantes par destination sont celles qui enlèvent beaucoup de principes hydrocarbonés : betteraves, carottes, plantes oléifères et textiles. Elles ne sont améliorantes qu'autant que les résidus, tourteaux, pulpes sont restitués au sol.

35. **Destruction des plantes adventices.** — Les plantes adventices sont très nuisibles, car elles absorbent une partie des principes utiles du sol et elles gênent dans leurs diverses évolutions physiologiques les plantes que l'on cultive.

Quelques plantes cultivées permettent aux plantes adventices de vivre sans être inquiétées le moins du monde par les travaux culturaux. D'autres, au contraire, réclament certains soins de culture qui mettent une entrave sérieuse à la végétation des mauvaises herbes.

Pour arriver à la destruction des plantes adventices, on devra donc faire succéder des plantes de la deuxième catégorie à d'autres plantes de la première.

36. **Destruction des insectes nuisibles.** — Certaines cultures conviennent à quelques espèces d'insectes; si les mêmes plantes restent pendant plusieurs années sur le même sol, ces ennemis pourront se développer en grand nombre et causer des ravages importants. Si l'on cultive des plantes nouvelles sur le sol, les insectes mourront de faim, car ils ne pourront s'en nourrir. L'alternance des cultures est donc un moyen très efficace de se débarrasser des insectes nuisibles.

37. **Emploi de la jachère.** — L'emploi de la jachère dans certains assolements est subordonné aux circonstances économiques du milieu. On la rencontre dans les pays pauvres, mais elle ne saurait figurer qu'accidentellement dans les milieux où le sol a une valeur élevée.

L'absence des produits pendant une année est un défaut tellement grave, qu'il condamne l'emploi de la jachère à une disparition inévitable, à mesure que les procédés culturaux iront en s'améliorant.

Cette disparition ne peut cependant se faire que lentement, et il serait dangereux de renoncer à la pratique de la jachère, lorsque les moyens de production dont on dispose sont insuffisants.

38. **Cultures dérobées.** — On nomme *cultures dérobées* des plantes qui n'occupent le sol que pendant quelques semaines et qui sont cultivées entre deux récoltes principales. C'est surtout pour augmenter les ressources en fourrages que l'on a recours aux cultures dérobées.

La pratique des cultures dérobées de plantes fourragères est à recommander, même en dehors des saisons de sécheresse exceptionnelle. Il est toujours utile d'accroître les ressources pour l'alimentation du bétail.

Voici quelques exemples de cultures dérobées :

1° Après une récolte de seigle, on sème du sarrasin destiné à être coupé avant sa maturité;

2° Après du seigle coupé en vert au printemps, on sème du maïs-fourrage, etc...

39. **Durée des assolements.** — Les assolements ont une durée très variable; on en trouve de très courts et de très longs. Pour les assolements biennaux et quatriennaux, on ne met qu'une fumure en tête de l'assolement et la dose est calculée à raison de 10,000 kilogrammes par hectare et par an.

On place en tête d'assolement une plante qui ne craigne pas de fortes fumures et qui permette de se débarrasser des mauvaises herbes, une plante sarclée par exemple.

Quand l'assolement a cinq ans, on donne deux fumures : l'une en tête d'assolement, de 30,000 kilogrammes et l'autre à la fin de la troisième année, de 20,000 kilogrammes.

40. **Exemples d'assolement.**

Assolement biennal.

1re année : plantes sarclées.
2e année : céréales.

Assolement triennal.

1re année : plantes sarclées.
2e année : céréales.
3e année : trèfle.

Assolement quatriennal.

1re année : plantes sarclées.
2e année : céréales.
3e année : trèfle seul ou mélangé de ray-grass.
4e année : froment.

Assolement quinquennal.

1re année : pommes de terre ou betteraves.
2e année : froment.
3e année : trèfle.
4e année : avoine.
5e année : plantes sarclées.

Assolement sexennal.

1re année : maïs.
2e année : froment.
3e année : plantes sarclées.
4e année : trèfle.
5e année : avoine.
6e année : plantes sarclées.

Les exemples d'assolement sont fort nombreux; l'important en tout ceci, c'est de se conformer aux lois de l'alternance des cultures.

Éviter à intervalles trop rapprochés le retour des mêmes cultures sur le même sol, tel est le but qu'on poursuit dans tout assolement.

41. **Assolement libre.** — L'assolement libre est préconisé aujourd'hui. On conseille de ne pas s'imposer tel ou tel assolement, car il faut pouvoir opérer à chaque instant les modifications que rendent nécessaires les influences commerciales, économiques du moment.

Dans les localités où la culture est portée à un haut degré de perfection, on voit qu'il n'y a pas d'assolement régulier. Certains principes sont suivis, mais on possède un large cadre dont on modifie à volonté les principes secondaires.

CHAPITRE V

Cultures spéciales des plantes agricoles.

42. On peut pour les cultures des plantes agricoles établir cinq grandes divisions, à savoir : 1° culture des *plantes alimentaires;* 2° culture des *plantes fourragères;* 3° culture des *plantes industrielles;* 4° cultures *arbustives* et *fruitières*; 5° culture *potagère*.

PLANTES ALIMENTAIRES

43. Les plantes alimentaires comprennent les *céréales* et les *légumineuses*.

Les céréales appartiennent toutes à la famille des *graminées,* à l'exception du sarrasin qui appartient à la famille des *polygonées*.

Les légumineuses appartiennent toutes à une même famille qui porte aussi en histoire naturelle le nom de famille des *légumineuses*.

44. **Céréales.** — Les principales céréales sont : le froment, le seigle, l'orge, l'avoine, le maïs, le millet, le sorgho et le sarrasin.

Le *froment* est la principale plante alimentaire de l'Europe; il est connu depuis les temps les plus reculés. La farine de froment sert à faire le pain.

Le *seigle* est d'origine moins ancienne que le blé; sa farine bien épurée sert à faire du pain bis. Le grain est consommé par les animaux.

L'*orge* est connue depuis les temps les plus anciens. Les grains sont consommés par les animaux ; on s'en sert également dans la fabrication de la bière.

L'*avoine* appartient à l'agriculture du centre et du nord de l'Europe. Le grain de l'avoine est donné aux chevaux, ou on le transforme en gruau pour l'alimentation de l'homme.

Le *millet* et le *sorgho* ont une faible importance en France. Les grains sont donnés en nourriture aux oiseaux. La farine est utilisée dans la confection de certains gâteaux.

Le *sarrasin* appartient à l'agriculture des pays tempérés. La farine de sarrasin est utilisée dans l'alimentation de l'homme ; on s'en sert pour faire des galettes. Le grain est très recherché par les oiseaux de basse-cour.

FROMENT OU BLÉ (Graminées).

45. Les racines fibreuses du froment sont composées de filaments nombreux qui s'étendent horizontalement et obliquement dans le sol, à des distances variables, mais en général plus considérables qu'on ne le croit ordinairement. On a observé des racines de froment dépassant un mètre de longueur. Les premières racines du blé sont pivotantes, puis elles sont remplacées par d'autres racines fibreuses qui partent du collet et qui ont une direction oblique ou horizontale.

La *tige* ou *chaume* du froment varie en hauteur, depuis 0m50 jusqu'à 2 mètres ; elle est ordinairement creuse.

La tige primitive, produite par l'allongement de la *gemmule* après la germination, ne se développe ordinairement pas : elle donne naissance à des tiges secondaires, qui se développent en s'étendant autour de la tige centrale. Cette faculté de produire des tiges secondaires au détriment de la tige primitive porte dans la pratique le nom de *tallage*. Les semis précoces permettent d'obtenir un tallage considérable : les blés semés à l'automne tallent beaucoup plus que ceux que l'on sème au printemps.

Les *feuilles* du froment comprennent la *gaîne* et le *limbe* ; la gaîne entoure la tige sur une certaine longueur, tandis que le limbe s'écarte du chaume et prend une direction plus ou moins horizontale.

L'*épi* se trouve à l'extrémité supérieure de la tige ; il se compose du *rachis* et des *épillets*. La paille du rachis présente une série d'angles plus ou moins aigus, séparés par des entre-nœuds très courts. Chacun des angles porte un épillet, composé de plusieurs fleurs.

46. **Variétés.** — Les variétés de blé sont trop nombreuses pour que nous puissions les passer toutes en revue ; nous nous contenterons d'étudier les grandes divisions dans lesquelles ces variétés sont encadrées.

D'après Vilmorin, le genre *froment* comprend six espèces : 1° le froment ordinaire ou *blé tendre ;* 2° le froment *poulard* ou blé à *grain renflé ;* 3° le froment à *grain glacé* ou *blé dur ;* 4° l'*épeautre* ; 5° l'*amidonnier ;* 6° l'*engrain.*

Les trois premières espèces sont à grain nu (balle ou enveloppe non adhérente au grain) ; les trois derniers sont à grain vêtu, c'est-à-dire à balle adhérente.

47. **Blés tendres.** — Les blés tendres sont ceux qui sont cultivés le plus communément en France. Ils peuvent être classés ainsi qu'il suit :

Blés tendres	*d'hiver*	1° à épi blanc et grain blanc	*Variétés :* de Flandre de Mareuil, Victoria, Chiddam, Hunter, Trump, Eclips, de Hongrie, Roseau, du Chili, Richelle de Naples, Zélande, etc.
		2° à épi blanc et grain rouge	*Variétés :* Crépi, Nursery, Saumur, Shiriff, Hickling, Noé, Touzelle anone, etc.
		3° à épi blanc velu et grain blanc	*Variétés :* Tunstall et blé à duvet.
		4° à épi rouge et grain rouge	*Variétés :* Rouge d'Ecosse, Lammas, Spalding, Ghirka, Prince Albert, Browick, Bordeaux, Lamed, Saint-Laud, Caucase, etc.
		5° à épi rouge et grain blanc	*Variétés :* Dattel, Red Chaff Dantzick, Rousselin, etc.
		6° à épi rouge, velu et grain blanc	*Variétés :* De Crète et Seigle.
		7° à épi blanc, barbu et grain blanc	*Variétés :* Blé du Caucase et Blé blanc Shireff.
		8° à épi blanc, barbu et grain rouge	*Variétés :* Champagne, Rietti, Lazistan, Toscane, du Japon.
		9° à épi rouge, barbu et grain rouge	*Variétés :* Rouge barbu, Hérisson brun.
	de printemps	1° à épi blanc et grain blanc	*Variétés :* Australie, du Cap et Chiddam de Mars.
		2° épi blanc et grain rouge	*Variétés :* Blé de Mars sans barbe et Blé Saumur de Mars.
		3° à épi rouge et grain blanc	*Variétés :* Carré de Sicile et Hérisson sans barbe.
		4° à épi rouge et grain rouge	*Variétés :* Californie de Mars.
		5° à épi barbu et grain rouge	*Variétés :* Blé Victoria ou de 70 jours et Blé de Mars rouge barbu.

Les variétés sans barbe sont surtout cultivées dans le Nord, le Nord-Ouest et l'Ouest ; les blés barbus sont généralement cultivés dans le Midi et dans les régions montagneuses de l'Est, du Sud-Est et du Centre.

Blé barbu. Fig. 16. Blé sans barbe.

Les blés sans barbe ont un avantage sur les blés barbus : les menues pailles qu'on obtient avec les premiers, ainsi que les balles, peuvent être employées à l'alimentation du bétail, ce qui n'est pas possible avec les derniers. Les blés barbus passent pour être plus rustiques que les blés sans barbe ; ils craignent peu les ravages causés par les oiseaux et s'égrènent moins que les autres sous l'action du vent, parce que les barbes font ressort et diminuent la violence des chocs.

A cause du peu d'importance de leur culture en France, nous laisserons de côté l'étude des cinq autres espèces de blé, classées par Vilmorin.

48. **Végétation.** — Le froment peut se semer à deux époques : à l'automne et au printemps. Les semailles doivent se faire lorsque la température atteint en moyenne de 8 à 12 degrés centigrades ; dans ces conditions, le blé met de 12 à 15 jours à germer.

Dans les régions méridionales, il s'écoule en moyenne 220 jours du semis à la maturité, et dans les régions du Nord 275 jours environ.

49. **Climat.** — Le blé réussit dans toute l'Europe : il craint les excès de froid et de chaleur. Une température moyenne, oscillant de 15 à 18 degrés, convient bien au froment.

Les blés d'automne exigent, pour bien fructifier, de 2,200 à 2,400 degrés de chaleur totale, tandis que 1,600 à 1,700 degrés sont suffisants pour les blés de mars.

50. **Sol.** — Le blé demande un sol de consistance moyenne, contenant un peu de calcaire, exempt d'un excès d'humidité pendant l'automne et l'hiver, et ne se desséchant pas trop pendant l'été.

La terre doit être assez meuble quand on sème, mais un peu tassée après le dernier labour ; elle devra contenir une certaine dose d'humidité.

« Semez le froment dans une terre boueuse et le seigle dans une terre poudreuse. » (*Olivier de Serres*)[1].

1. Il y a une légère exagération de la part d'Olivier de Serres, quand il dit qu'il faut semer le froment dans une terre boueuse : le froment exige une terre légèrement humide, mais non boueuse au moment des semailles.

51. **Préparation du sol.** — Le froment demande pour végéter, une couche de terre de $0^{m}20$ de profondeur. Les façons à donner au sol varient peu en général ; elles consistent en deux labours, dont le premier, qui est superficiel, est destiné à faire lever les mauvaises graines. Le deuxième, profond de $0^{m}20$, sert à enfouir les mauvaises herbes, qui sont sorties après le premier labour. Quand on fait une culture de froment après une plante sarclée, telle que la betterave, par exemple, un seul labour suffit.

52. **Fertilisation.** — Le froment est une plante exigeante et il faut bien fumer les terres qu'on lui destine, si l'on veut obtenir de belles récoltes.

Autant que possible, on ne doit pas employer la fumure sur le blé, car les mauvaises graines contenues dans le fumier saliraient le champ et nuiraient aux produits. En terrain riche la verse serait à craindre, si l'on fumait directement la culture de froment. Il est préférable de mettre le fumier une année auparavant, dans la récolte qui précède le froment et d'employer pour celui-ci des engrais chimiques.

Dans le cas où l'on est obligé d'employer du fumier pour fertiliser le terrain qui doit porter le froment, il faut que cet engrais soit bien décomposé.

53. **Semailles.** — Les blés d'hiver se sèment pendant les mois d'octobre et de novembre, quelquefois même dans les premiers jours de décembre. On a remarqué que plus tôt on sème, plus on a de paille au détriment du grain.

Les blés de printemps doivent être semés le plus tôt possible, en mars au plus tard, car les chaleurs peuvent leur nuire beaucoup au moment de la floraison.

Le choix des semences a une grande importance et il est indispensable de ne confier à la terre que des grains propres et de belle qualité, si l'on veut obtenir de beaux produits. Pour cela, il est nécessaire de passer le froment au tarare et au trieur mécanique, qui le purgent des mauvaises graines qu'il contient. Il faut aussi *chauler* ou *sulfater* les grains avant de les confier à la terre, afin de prévenir l'apparition de certaines maladies cryptogamiques, telles que charbon, carie, etc., qui diminuent et détériorent les produits.

54. **Chaulage.** — Le *chaulage* des grains s'opère de deux manières différentes : *par immersion* et *par aspersion*[1].

Le *chaulage par immersion* consiste à préparer un lait de chaux dans un large cuveau et à y introduire du grain contenu dans des paniers en osier, de manière à mettre les semences en contact avec le liquide. On retire ensuite le grain et on le verse sur l'aire du bâtiment dans lequel on opère; puis l'opération continue jusqu'à ce que la totalité de la semence ait été chaulée. Dès que l'opération est terminée, on répand sur le grain environ 500 grammes de sel de cuisine par hectolitre de semence. Ce sel a pour but de fixer la chaux sur le grain et d'empêcher qu'elle ne devienne poudreuse pendant les semailles. On abandonne après cela le grain à lui-même, pendant vingt-quatre ou quarante-huit heures.

Le *chaulage par aspersion* consiste à déposer le grain sur une aire carrelée ou planchéiée et à verser du lait de chaux sur le tas, à la dose de 5 à 6 litres par hectolitre de semence. On remue le tas à deux ou trois reprises, en le déplaçant complètement à chaque opération. On termine le chaulage en répandant sur le grain 500 grammes de sel de cuisine par hectolitre.

55. **Sulfatage.** — Le *sulfatage des grains* peut être fait à l'aide de trois matières différentes : 1° le sulfate de soude ; 2° le sulfate de cuivre ; 3° le sulfate de fer.

Quand on opère avec le sulfate de soude, on fait dissoudre 7 kilogrammes de ce sel dans 100 litres d'eau et on verse ensuite sur le tas la liqueur obtenue, à la dose de 6 litres environ par hectolitre de semence. On agite le grain et, quand on s'aperçoit qu'il est bien imprégné dans toute la

1. La description des opérations de chaulage et de sulfatage s'applique à toutes les céréales.

masse, on jette dessus de la poudre de chaux, dans la proportion de 500 grammes par hectolitre. On remue de nouveau la masse et on l'abandonne à elle-même, lorsque les grains sont presque blancs. Vingt-quatre heures après, le grain est assez sec pour qu'on puisse le semer.

Lorsqu'on emploie le sulfate de cuivre (vitriol bleu) ou le sulfate de fer (vitriol vert), on fait dissoudre 4 à 5 kilogrammes de l'un de ces sels dans 100 litres d'eau et on verse ensuite sur les semences 5 à 6 litres de la dissolution, par hectolitre de grains. On termine l'opération par un brassage.

Fig. 17. — Tallage du blé.

Après que les grains ont été *chaulés* ou sulfatés, il reste à pratiquer l'ensemencement et les cultivateurs ont à choisir entre les *semailles en lignes* et les *semailles à la volée*.

56. **Semailles en lignes.** — Les *semailles en lignes* procurent une économie de semences; elles enterrent les graines à une profondeur à peu près constante et elles laissent entre les lignes un intervalle qui permet à l'air de circuler librement. Les blés semés en lignes versent généralement moins que ceux semés à la volée.

Les tiges sont plus résistantes à cause de la libre circulation de l'air et de la lumière entre les rangs.

La quantité de semences ordinairement répandues est beaucoup trop considérable. Un hectolitre devrait suffire par hectare; cependant on en emploie souvent jusqu'à deux hectolitres et quelquefois deux et demi et même trois. Il y a là une perte sèche pour le cultivateur.

57. **Soins pendant la végétation.** — Les cultures d'entretien du blé doivent commencer dès la fin de l'hiver. On choisira un jour de beau temps et on hersera le sol, de manière à aérer et à ameublir la couche superficielle; on détruira en même temps quelques plantes de mauvaise nature et on favorisera le *tallage* du froment. Si l'on ne craint pas que la terre se croûte, on roulera le sol après le hersage.

Au mois de mai, il deviendra nécessaire de pratiquer un binage pour détruire les mauvaises herbes; si l'on néglige cette opération, la récolte est beaucoup moins abondante.

Dans le Nord, quand les blés sont trop drus, on pratique *l'effanage*. Cette opération consiste à faire passer rapidement un troupeau de moutons dans le champ occupé par le froment.

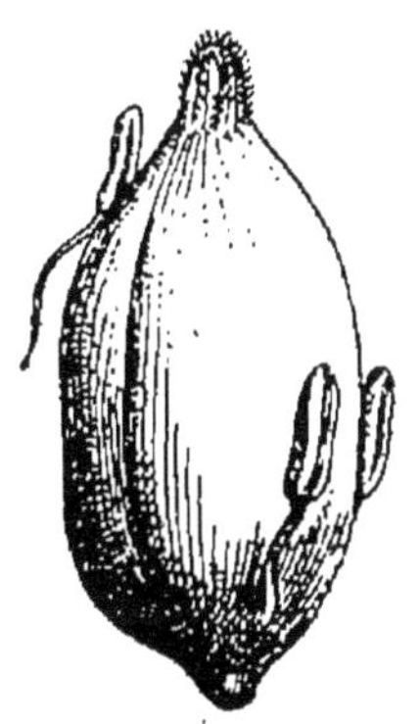

Fig. 18. — Grain carié grossi.

58. **Maladies.** — Pendant sa végétation, le froment est sujet à différentes maladies : 1° la carie; 2° le charbon; 3° l'ergot; 4° la rouille, etc.

Carie. — La carie du froment est une maladie qui attaque le grain; elle est due à un champignon qui se développe dans l'ovaire et le remplit d'une poussière noire et fétide. Les épis cariés sont plus courts que les autres et ne s'infléchissent pas; leurs balles s'écartent légèrement et les grains ont une couleur noirâtre.

Fig. 19. Épi carié.

Les remèdes à employer contre cette maladie sont purement préventifs; ils consistent à chauler ou à sulfater les semences.

Charbon. — Le charbon du froment est une altération qui attaque les enveloppes florales et les ovaires.

L'épi de froment charbonné prend d'abord une teinte grisâtre, puis devient noir ; une poussière noire et inodore le recouvre à peu près complètement.

On recommande, contre cette maladie, le chaulage et le sulfatage qui sont dans ce cas des remèdes préventifs. Il faut aussi éviter l'emploi de pailles de céréales charbonnées comme litières, car les fumiers rapporteraient dans le sol les semences du champignon qui cause cette maladie.

Ergot. — L'ergot est une altération produite par un champignon. Il attaque surtout le seigle et se développe parfois sur le blé. Nous l'étudierons dans les maladies du seigle.

Rouille. — La rouille est une maladie produite par le développement d'un champignon, qui forme des taches jaunes ou brunes sur les feuilles du froment. Cette maladie ne pourrait pas se transmettre aux céréales d'une année à l'autre sans l'intervention d'une plante intermédiaire, l'épine-vinette. Il y a une alternance de génération de la rouille sur cette plante[1]. On devrait donc, pour empêcher la propagation de la rouille, détruire toutes les épines-vinettes qui se trouvent dans le voisinage des terres cultivées.

59. **Accidents.** — *Versage.* Les froments qui végètent très vigoureusement en avril et mai sont exposés à verser au moment de l'apparition des épis. Cet accident est dû à la faiblesse des tiges.

Le versage peut aussi être produit par des pluies ou des vents violents. Les blés versés produisent peu de grains ; ils craignent l'envahissement de la rouille.

Quand le blé est *trop beau en herbe* et qu'on craint la verse, il est bon d'*effaner*, au commencement de mai. L'*effanage* consiste à couper, à la faux ou à la faucille,

1. Le froment transmet la rouille à l'épine-vinette et celle-ci agit de la même façon pour le froment l'année suivante, c'est-à-dire qu'elle lui transmet de nouveau cette maladie.

l'extrémité des feuilles sans endommager les tiges qui commencent à s'élever. On peut aussi faire passer dans le champ un troupeau de moutons, comme il a été dit précédemment.

Echaudage. — Les grandes chaleurs ou les coups de soleil arrêtent parfois la végétation des tiges, lorsque les grains sont formés dans l'épi. La paille prend une teinte blanc-jaunâtre et les épis se dessèchent : les blés sont dits *échaudés*. Les grains échaudés sont maigres et contiennent peu de farine.

Coulure. — La coulure est produite par des pluies persistantes au moment de la floraison : cet accident est cause de l'avortement d'une partie des épillets qui composent les épis.

Grêlage. — Dans certaines années, la grêle cause parfois de très graves dommages aux cultures de froment. Si les blés grêlés approchent de leur maturité, il faut les moissonner sans retard et les mettre en moyettes.

Il sera toujours bon de s'assurer contre la grêle, car c'est le seul remède qui soit à la disposition du cultivateur.

60. **Récolte.** — La récolte s'effectue en France suivant les régions depuis les derniers jours de juin jusqu'au commencement de septembre. La coupe se fait, ainsi que nous l'avons vu, à la faucille, à la faux, à la sape ou à la moissonneuse.

61. **Rendement du blé.** — En France, le rendement moyen est par hectare de 16 à 17 hectolitres. Ce rendement pourrait être considérablement augmenté grâce à une sage application des principes raisonnés de l'agriculture.

Le poids de l'hectolitre de grain est de 80 kilogrammes environ. Le rendement en paille est assez variable ; il correspond en général au rendement en grain.

On peut compter 2 quintaux métriques de paille pour un de grain, c'est-à-dire que, pour une récolte de 16 hectolitres pesant 1,280 kilogrammes on pourra récolter 25 quintaux métriques de paille environ.

Composition chimique moyenne des grains de froment :

Azote.	2,08 %
Acide phosphorique	0,82
Potasse.	0,55
Chaux	0,06
Autres matières.	96,49
TOTAL.	100,00

Composition chimique moyenne de la paille de froment :

Azote.	0,32 %
Acide phosphorique	0,23
Potasse.	0,12
Chaux	0,26
Autres matières.	99,07
TOTAL.	100,00

PROBLÈME. — Quelle est la quantité d'éléments fertilisants enlevés au sol par une culture de froment qui a produit 1,500 kilogrammes de grains et 3,000 kilogrammes de paille?

CHAPITRE VI

Plantes alimentaires : Céréales (*suite*).

SEIGLE (Graminées).

62. Les racines du seigle s'étendent dans le sol en filaments très ramifiés, pouvant atteindre 1 mètre de longueur. La tige atteint en général une hauteur plus considérable que celle du froment; à la maturité elle a, quand la plante est belle, une longueur d'au moins 2 mètres.

Les feuilles du seigle sont larges et rudes; leur couleur est moins foncée que celle des feuilles du blé.

L'épi surmonte la tige, il est ordinairement penché; les épillets qui le composent comprennent deux fleurs sessiles sur le rachis. Les glumes et les glumelles sont insérées parallèlement à l'axe de l'épi, ce qui lui donne une forme aplatie.

Toutes les variétés de seigle ont des épis barbus.

63. **Variétés.** — Le seigle a produit beaucoup moins de variétés que le froment; les plus connues sont : le *seigle d'hiver,* le *seigle multicaule* et le *seigle de mars.*

Fig. 20. — Seigle.

Le seigle d'hiver est celui que l'on cultive le plus ordinairement; il a produit une sous-variété très recommandable, le seigle de Schlamstedt, qui donne des rendements plus considérables en paille et en grain.

Le seigle multicaule peut donner une récolte de fourrage et une autre de grain et paille. Pour cela, on le sème vers la fin de juillet et on le fauche en vert à la fin de l'été, ce qui n'empêche pas d'obtenir du grain l'année suivante.

Le seigle de mars donne une paille plus courte que le seigle d'automne, mais son grain est aussi gros.

64. **Végétation.** — Le seigle d'hiver doit se semer pendant la première quinzaine de septembre, de manière qu'il puisse taller avant l'arrivée des froids. Dans les Alpes et les Pyrénées, on sème dans le milieu de l'été, pour que les plantes soient aussi vigoureuses que possible quand la neige commence à couvrir la terre. Il s'écoule en moyenne de 280 à 290 jours du semis à la maturité.

65. **Climat.** — Le seigle végète bien dans toute l'Europe; il craint moins les intempéries que le froment et peut accomplir ses différentes phases végétatives à une altitude beaucoup plus élevée.

66. **Sol.** — Le seigle préfère les terres sableuses à tous les autres terrains; il végète également bien dans les sols calcaires. La terre doit être préparée comme pour le froment, mais il faut qu'elle soit plus meuble à la surface et plus tassée en dessous. Pour cela, on laboure quelques jours avant les semailles et on herse plusieurs fois avant de semer. Plus le sol est meuble et en poussière, mieux le seigle réussit. On recouvre légèrement la semence, dont on emploie en moyenne d'un hectolitre et demi à 2 hectolitres à l'hectare.

On sème presque toujours à la volée.

67. **Soins pendant la végétation.** — Lorsque le seigle a plusieurs feuilles et quand le sol est suffisamment sec, on opère un roulage avec un rouleau plombeur.

Cette opération fait taller le seigle; elle doit être exécutée en octobre.

On doit aussi procéder à un sarclage dans le courant de mai, quand les plantes adventices sont nombreuses.

68. **Maladies.** — Le seigle est attaqué par plusieurs maladies cryptogamiques, dont la principale est l'*ergot*.

Ergot. — L'ergot est une altération du grain provoquée par le développement d'un champignon sur l'épi. Le tissu du champignon est de couleur blanc jaunâtre; il remplit d'abord l'intérieur du grain et il exsude ensuite un liquide filant. Le grain disparaît complètement et se transforme en un corps solide de couleur noirâtre. Cette maladie se produit par les années humides; on ne connaît pas de procédé pour la combattre. Le seigle ergoté possède des propriétés toxiques; on doit l'écarter avec soin de la consommation.

Fig. 21. Seigle ergoté.

69. **Récolte.** — Le seigle arrive à maturité vers la fin de juin ou au commencement de juillet. Il est mûr quand ses tiges ont une couleur jaunâtre; ses épis s'inclinent alors vers le sol et les grains se laissent couper par l'ongle, sans être laiteux.

70. **Rendement.** — Le rendement du seigle est assez variable, suivant l'état de fertilité du sol. En sol pauvre, il ne donne guère que 10 hectolitres à l'hectare; dans les bonnes terres, il peut produire de 20 à 25 hectolitres de grains.

Le seigle marchand ou de bonne qualité pèse de 72 à 76 kilogrammes l'hectolitre.

On peut espérer une production moyenne de 170 à 180 kilogrammes de paille par hectolitre de grains récoltés.

Cette paille sert à faire des paillassons pour les jardins

et à rempailler des chaises. On l'utilise également pour fabriquer des liens, couvrir les meules de céréales, les habitations et fabriquer des chapeaux.

Composition chimique moyenne des grains et pailles de seigle :

Grains	Azote	1,76 %
	Acide phosphorique	0,82
	Potasse	0,54
	Chaux	0,05
	Autres matières	96,83
	TOTAL	100,00
Pailles	Azote	0,24 %
	Acide phosphorique	0,19
	Potasse	0,76
	Chaux	0,31
	Autres matières	98,50
	TOTAL	100,00

PROBLÈME. — Quelle est la quantité de fumier que l'on devra mettre par hectare pour restituer au sol les éléments fertilisants enlevés par une récolte de seigle ayant donné 1,500 kilogrammes de grain et 2,600 kilogrammes de paille? On sait que le fumier de ferme contient 5 % d'azote, 2, 6 % d'acide phosphorique, 6, 3 % de potasse et 7 % de chaux.

71. **Méteil.** — On donne le nom de *méteil* à un mélange de seigle et de froment et quelquefois aussi à un mélange d'orge et de froment. Le méteil a reçu des dénominations différentes suivant les pays où on le cultive. Il est appelé *cosségail* en Provence, *mescle* en Languedoc, *méléard* en Bretagne, *métou* dans quelques localités du centre, *conceau* en Bourgogne et *muisson* en Picardie.

La culture du méteil a sa raison d'être dans les terres de qualité inférieure, où le froment cultivé seul ne donne que de maigres produits. On le cultive de la même façon que le froment.

ORGE (Graminées).

72. L'orge est caractérisée par son inflorescence qui, au lieu d'être un *épi composé,* comme dans le seigle et le froment, est un épi formé de *cymes bipares.*

A l'intérieur de l'épi se trouve un axe ondulé comme dans le froment; de chaque gradin partent trois épillets représentant une cyme bipare. Chaque épillet ne renferme qu'une fleur fertile avec le rudiment d'une deuxième fleur, placée à un niveau supérieur.

73. **Variétés.** — Les variétés d'orge cultivée sont nombreuses, mais toutes se rattachent à deux groupes :

1° Les orges d'hiver ou *escourgeons;*

2° Les orges de printemps ou *baillarges, paumelles, marsèches,* etc., etc.

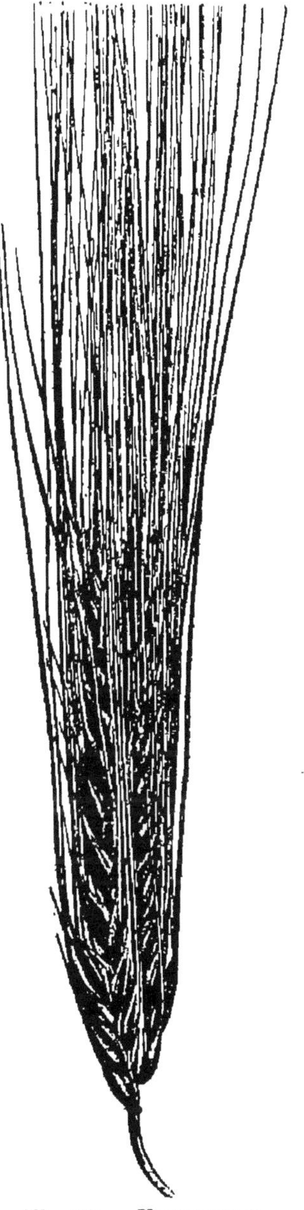

Fig. 22. — Escourgeon.

74. **Sol.** — Les terres à blé conviennent également à l'orge, mais les terres calcaires sont celles sur lesquelles elle donne les rendements les plus élevés. Le sol dans lequel on veut cultiver l'orge a dû être parfaitement ameubli par les cultures précédentes. Il ne faut pas fumer directement cette céréale, parce qu'elle pousse alors trop en paille et donne peu de grain.

75. **Semailles.** — L'orge d'hiver doit être semée tôt, afin qu'elle ait le temps de taller avant l'hiver. On

pourra donc la semer pendant le courant de septembre.

L'orge de printemps devra également être semée dès que la température le permettra. Les orges semées de bonne heure donnent les produits les plus rémunérateurs. On sèmera les baillarges pendant les mois de février et de mars.

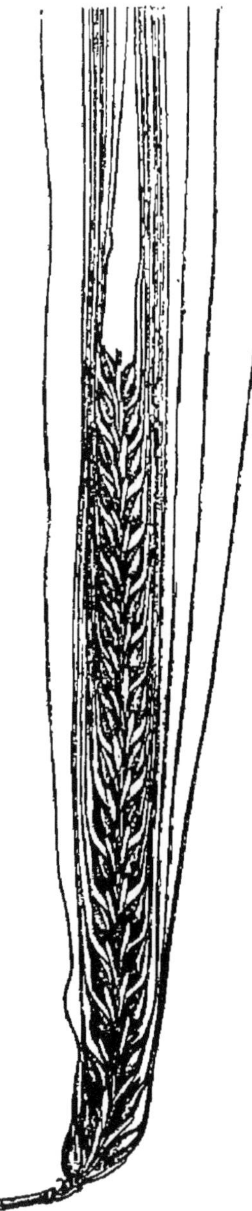

Fig. 23. — Baillarge.

La quantité de semence d'orge que l'on répand sur un hectare varie depuis deux jusqu'à trois hectolitres, à la volée. Quand on emploie le semoir, on peut diminuer ces doses et les ramener à 180 litres. Après le semis, il sera bon de rouler le sol. Pendant la végétation, on devra enlever les mauvaises herbes et biner le terrain, si la chose est possible.

76. **Maladies.** — La *rouille,* l'*ergot* et le *charbon* peuvent envahir les orges.

La rouille est peu redoutable sur l'orge, car elle n'apparaît généralement que sur les pailles, qui ont peu de valeur.

L'ergot est très rare sur l'orge et peu à craindre par conséquent.

Le charbon a parfois des conséquences assez graves, quand il est abondant. Les semis tardifs sont en général plus exposés à cette maladie que ceux qui sont faits de bonne heure.

77. **Récolte.** — L'escourgeon est généralement mûr en juillet et la baillarge dans le courant d'août.

Il faut couper les orges dès le matin autant que possible et s'arrêter quand le soleil est trop chaud, car les épis s'égrènent avec facilité. On opère par les mêmes procédés que pour le froment et le seigle.

78. **Rendement.** — Le rendement d'une récolte d'orge est de 20 à 25 hectolitres à l'hectare ; dans les très bonnes terres, il peut quelquefois s'élever à 40 hectolitres.

Le poids d'un hectolitre de grains d'escourgeons est de 60 kilogrammes environ ; celui d'un hectolitre de baillarge varie de 65 à 70 kilogrammes.

On peut compter sur un rendement de 125 à 130 kilogrammes de paille, par hectolitre de grains récoltés, ce qui pour un rendement de 20 hectolitres correspond à 2,500 kilogrammes de paille environ.

Composition chimique des grains et pailles d'orge :

Grains	Azote	1,52 %
	Acide phosphorique	0,72
	Potasse	0,48
	Chaux	0,05
	Autres matières	97,23
	TOTAL	100,00
Pailles	Azote	0,48 %
	Acide phosphorique	0,19
	Potasse	0,93
	Chaux	0,33
	Autres matières	98,07
	TOTAL	100,00

CHAPITRE VII

Plantes alimentaires : Céréales (*fin*).

AVOINE (Graminées).

79. Les principaux caractères de l'avoine sont les suivants : les fleurs sont disposées en panicules et les épillets sont portés par des pédoncules longs et grêles, souvent flexibles et penchés. Chaque épillet renferme un nombre de fleurs assez variable, de 5 à 7 ou 8, suivant les espèces ; il est enveloppé de deux glumes bien plus longues que les fleurs.

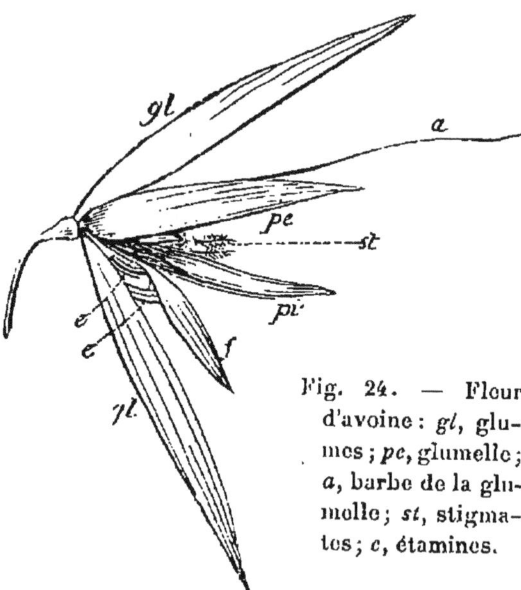

Fig. 24. — Fleur d'avoine : *gl*, glumes ; *pe*, glumelle ; *a*, barbe de la glumelle ; *st*, stigmates ; *e*, étamines.

80. **Variétés.** — Les variétés sont nombreuses, mais comme pour les plantes précédentes, elles se rattachent à deux groupes : les *avoines d'hiver* et les *avoines de printemps*.

On peut aussi les diviser en deux groupes par rapport à la coloration du grain, et on a alors le groupe des *avoines noires* et celui des *avoines blanches*.

81. **Climat.** — L'avoine est une plante des climats

Fig. 25. — Panicule d'avoine noire de Brie.

tempérés : elle craint les excès de froid et de chaleur. On

la cultive dans une grande partie de l'Europe. En France, elle réussit surtout dans le Centre, dans l'Ouest et dans le Nord; sa limite culturale s'élève chez nous jusqu'à 1,500 mètres d'altitude.

Fig. 26.
Avoine de Hongrie.

82. **Sol.** — L'avoine est peu difficile pour le sol ; toutes les terres lui conviennent.

L'avoine d'hiver doit se semer après un fourrage vert ou après un défrichement de luzerne. On ne devrait jamais la semer après une autre céréale, comme on a la mauvaise habitude de le faire. Le champ est, dans ce cas, infesté de mauvaises herbes : aussi les produits y sont-ils inférieurs.

On peut se contenter, pour la préparation du sol, de donner un seul labour, mais il est préférable d'en donner deux.

83. **Semailles.** — Les semailles d'avoine se font en lignes ou à la volée; la première méthode est préférable à la deuxième.

L'avoine d'hiver se sème en septembre et octobre et l'avoine de printemps, du 1er février au 15 mars. Un proverbe dit : « *Avoine de février remplit le grenier.* » Cela semblerait indiquer qu'il convient de semer pendant le courant de février.

La quantité de semence à employer varie de deux à trois hectolitres par hectare, quand on sème à la volée; quand on se sert du semoir, une dose de 160 à 180 litres est suffisante.

Il est toujours bon de sarcler et de biner les cultures d'avoine, quand les mauvaises herbes y apparaissent.

84. **Récolte.** — L'époque de la récolte des avoines d'hiver arrive vers la fin de juin et le commencement de juillet, pour une grande partie de la France. Les avoines de printemps sont bonnes à couper de trois semaines à un mois plus tard. Pour éviter l'égrenage, beaucoup de cultivateurs récoltent leur avoine un peu prématurément, lorsque l'axe de la panicule et les pédicelles des épillets ont encore une nuance un peu verdâtre. Cette manière d'opérer donne un grain dont l'écorce est moins épaisse et l'amande plus développée.

Le rendement en grain est en moyenne de 25 hectolitres à l'hectare, dans les terres ordinaires. Dans les très bonnes terres, il peut s'élever à 50 et 60 hectolitres.

Le poids d'un hectolitre d'avoine marchande est de 50 kilogrammes.

Le rendement en paille peut être évalué à raison de 90 à 100 kilogrammes par hectolitre de grains.

Composition chimique moyenne des grains et pailles d'avoine :

Grains.	Azote	1,92	%
	Acide phosphorique	0,55	
	Potasse	0,42	
	Chaux	0,10	
	Autres matières	97,01	
	TOTAL	100,00	
Pailles.	Azote	0,40	%
	Acide phosphorique	0,18	
	Potasse	0,97	
	Chaux	0,36	
	Autres matières	98,09	
	TOTAL	100,00	

MAÏS (Graminées).

85. — Le maïs, aussi appelé *blé de Turquie*, est une graminée annuelle. Les fleurs mâles forment une grappe

d'épis et sont placées à l'extrémité de la tige. Les fleurs femelles forment des *épis composés;* elles sont placées à l'aisselle des feuilles et à mi-hauteur de la plante. L'inflorescence femelle est recouverte par des *spathes* foliacées.

86. **Variétés.** — Les variétés de maïs sont nombreuses ; elles sont dues à la coloration diverse des grains. Il y a, en effet, des maïs à grains blancs, jaunes, rouges, noirs et bleuâtres.

Fig. 27. — Maïs.

Les variétés à *grains blancs* et à *grains jaunes* sont les seules qui aient de l'importance.

87. **Zone culturale.** — En France, la zone culturale du maïs est comprise au sud d'une ligne très sinueuse qui part de la Rochelle, se dirige au nord-est, s'infléchit au sud de Tours, s'incline à l'est de Poitiers, de Périgueux, de Cahors, passe près d'Albi et remonte alors sur la rive droite du Rhône, puis de la Saône, de façon à couper la Bourgogne à l'Ouest de Dijon et à contourner Nancy et Lunéville. Après avoir traversé les Vosges et le Jura, cette ligne redescend la vallée du Rhône du côté des Alpes. (V. cours 1re année.)

88. **Sol.** — Le maïs réussit dans toutes les terres,

mais il préfère les sols un peu calcaires. Le maïs doit être fumé pour donner de bons produits. Il se sème avant une culture de blé et il nettoie ainsi très bien le sol pour la culture suivante. Le sol destiné au maïs doit être labouré avant l'hiver. On laboure de nouveau au printemps, pour enterrer le fumier avant de semer.

89. **Semailles.** — On peut semer à deux époques différentes : au printemps, en avril et mai, pour les variétés tardives ; en été, en juillet et même en août, pour les variétés précoces.

La meilleure façon de cultiver le maïs est de le déposer en lignes espacées de 0^m60, soit à la main, soit au semoir mécanique. On emploie de 50 à 80 litres de semences à l'hectare environ.

90. **Entretien.** — Il faut sarcler et biner le maïs, dès que le sol s'encroûte ou s'enherbe. Au dernier binage, on butte le maïs, pour que les *racines coronales* puissent s'enfoncer en terre.

91. **Ecimage.** — Quand la fécondation du maïs a eu lieu, on doit couper la tige au-dessus de l'épi femelle, afin de faciliter la maturité des grains. La partie supérieure des tiges qu'on enlève ainsi peut parfaitement être donnée aux vaches. On reconnaît que la fécondation a eu lieu quand la houppe soyeuse qui termine les épis femelles devient rouge et commence à se flétrir.

92. **Maladies.** — Le maïs peut être attaqué par plusieurs maladies : la *rouille,* l'*ergot* et le *charbon.*

La *rouille* est peu à craindre; elle ne se développe sur le limbe des feuilles qu'après de longues périodes d'humidité.

L'*ergot* se développe assez rarement sur le maïs ; il donne aux grains la forme d'une sphère surmontée d'un cône allongé.

Le *charbon* est un peu plus commun; il transforme les épis en un rouleau noirâtre. Cette maladie est due à un champignon; elle développe sur le maïs une hypertrophie remarquable. Les écailles florales grossissent ainsi que les grains, qui dépassent parfois le volume d'une noix. La tige de la plante et les fleurs mâles peuvent aussi être atteintes; elles présentent alors des boursouflures irrégulières, d'un volume considérable.

93. **Récolte.** — On récolte le maïs en coupant les épis ou en les détachant de l'axe principal par traction. On les met ensuite en paquets et on les dépose en couche mince dans un grenier pour qu'ils achèvent de sécher.

Fig. 28. — Maïs charbonné.

L'égrenage se fait à la main ou à l'aide d'un instrument spécial, appelé *Egrenoir de maïs*. On obtient un rendement de 20 à 30 et 40 hectolitres, suivant la qualité du terrain et les variétés cultivées.

Le poids de l'hectolitre de maïs varie de 70 à 75 kilogrammes. Le rendement en tiges est le double en poids du rendement en grains. Les tiges peuvent être utilisées comme litière.

Les *spathes* sont recherchées pour faire des paillasses.

Les *rafles* sont désignées sous le nom de *charbon blanc;* on les utilise comme combustible.

Composition chimique moyenne des grains et pailles de maïs :

Grains. . . .	Azote	1,60 %
	Acide phosphorique.	0,55
	Potasse.	0,33
	Chaux.	0,03
	Autres matières.	97,49
	TOTAL. . . .	100,00

Pailles	Azote	0,48 %
	Acide phosphorique	0,38
	Potasse	1,66
	Chaux	0,50
	Autres matières	96,98
	Total	100,00

MILLET et SORGHO (Graminées).

94. La culture de ces deux plantes est absolument la même que celle du maïs. Elles exigent un sol de consistance moyenne, un peu calcaire.

La graine de millet sert à la nourriture des oiseaux. Celle du sorgho peut servir à la nourriture de l'homme, mais ce n'est pas là son but principal. Cette plante est surtout cultivée pour ses panicules, avec lesquelles on fait des balais.

Fig. 29. — Sorgho.

SARRASIN (Polygonées).

95. Le sarrasin est une plante herbacée, annuelle.

C'est la seule céréale européenne qui n'appartienne pas à la famille des graminées.

96. **Variétés.** — On cultive en France deux variétés de sarrasin : le *sarrasin ordinaire* et le *sarrasin de Tartarie*. On a obtenu par sélection une sous-variété du sarrasin ordinaire, le *sarrasin argenté,* dont la culture tend à se substituer à celle de la variété commune.

97. **Aire de culture.** — La culture du sarrasin

est pratiquée en France sur la plus grande partie du territoire, mais avec une très grande inégalité suivant les régions. Celles qui en cultivent le plus sont : la Bretagne, la Normandie, les départements du Massif central, la Bresse, les Dombes et le Dauphiné.

98. **Sol.** — Tous les sols lui conviennent, sauf les sols trop argileux. La terre doit être parfaitement meuble au moment des semailles.

Fig. 30. — Sarrasin.

99. **Semailles.** — On procède aux semailles quand les gelées ne sont plus à craindre, c'est-à-dire dans la deuxième quinzaine de mai. Il ne faut pas semer après le 15 juin : la réussite serait alors très aléatoire, à cause des chaleurs.

On sème en moyenne 50 litres de graines à l'hectare.

100. **Récolte.** — On récolte le sarrasin quand la plus grande partie des graines sont mûres ; si l'on attendait plus longtemps, on en perdrait beaucoup, car cette graine tombe facilement. La maturité arrive ordinairement en septembre.

Le rendement en grains est très variable : de quelques hectolitres à une trentaine d'hectolitres. Ces écarts sont en grande partie imputables aux influences atmosphériques. Dans les bonnes cultures, le rendement moyen est de 20 à 25 hectolitres.

Le poids du grain est de 60 à 70 kilogrammes par hectolitre.

Le rendement moyen de la paille est de 1,200 à 1,500 kilogrammes par hectare.

Le grain de sarrasin sert, dans les contrées où on le cultive, à l'alimentation de l'homme.

Les Bretons préparent des galettes avec la farine, et ils prétendent qu'aucune nourriture ne les soutient mieux.

Composition chimique des grains et pailles de sarrasin :

Grains	Azote	1,44 %
	Acide phosphorique	0,44
	Potasse	0,21
	Chaux	0,03
	Autres matières	97,88
	TOTAL	100,00
Pailles	Azote	1,30 %
	Acide phosphorique	0,61
	Potasse	2,41
	Chaux	0,95
	Autres matières	94,73
	TOTAL	100,00

PROBLÈME. — Quelle est la quantité de fumier qui correspond par ses éléments fertilisants, à une récolte de 1,400 kilogrammes de grain et 1,200 kilogrammes de paille de sarrasin[1] ?

1. Se reporter à la composition du fumier. (Cours de 1re année.)

CHAPITRE VIII

Plantes alimentaires : Légumineuses.

101. Les principales légumineuses sont : la *fève*, le *haricot,* la *lentille,* le *pois*, et le *pois-chiche*. Toutes ces plantes servent à la nourriture de l'homme; les classes pauvres en font une grande consommation. Ce sont d'excellents aliments, dont on ne saurait trop encourager la culture.

FÈVES

102. Les fèves sont des plantes à tiges carrées, creuses, plus ou moins élevées; les feuilles sont alternes et composées de folioles ovales, d'un vert glauque. Les fleurs sont blanches et noires; le fruit est une gousse plus ou moins aplatie, garnie intérieurement d'un duvet cotonneux et contenant un nombre variable de graines.

103. **Variétés.** — Il y a deux variétés de fèves : la *fève ordinaire* ou *fève des marais* et la *féverole*.

La fève des marais est plus grosse que la féverole; elle est employée à la nourriture de l'homme.

La féverole diffère de la fève en ce que sa tige est plus élevée et plus ramifiée à sa base; son feuillage est plus vert et ses grains plus arrondis. Elle est employée à la nourriture des animaux.

104. **Sol.** — Les terres argileuses fraîches et fertiles conviennent très bien aux fèves et aux féveroles. Les

semailles se font sur terrains bien préparés par les labours. On donnera un fort labour avant l'hiver et un plus léger, pour enterrer le fumier avant les semailles. L'ensemencement doit se faire en février pour la région du Nord. Quand

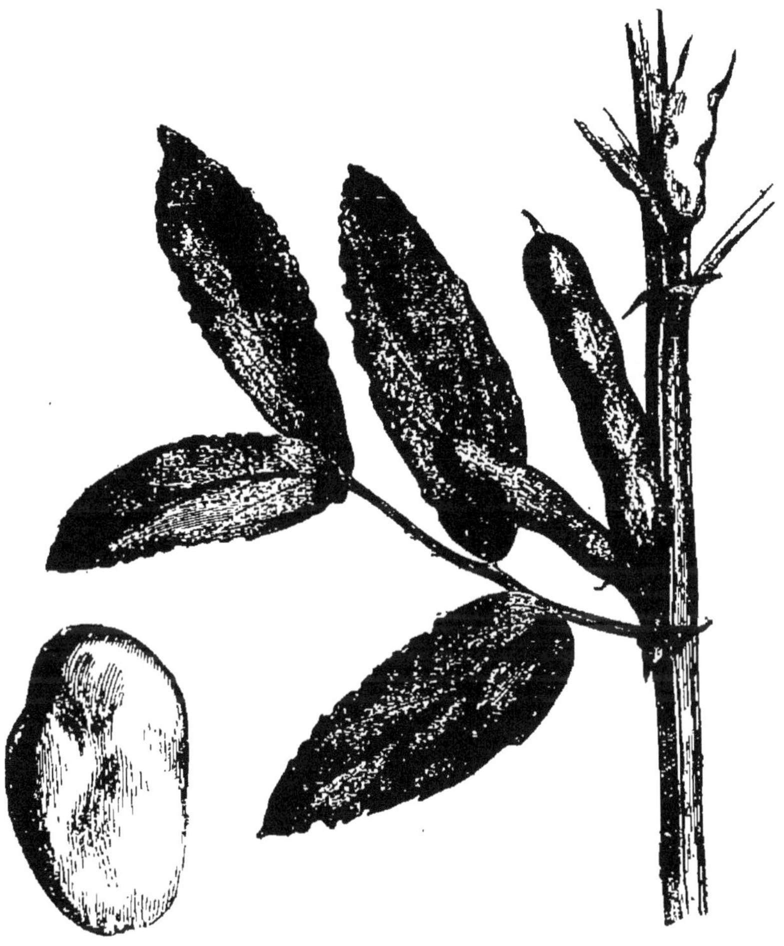

Fig. 31.
Graine de fève.

Fig. 32. — Fève.

on cultive les fèves dans le Midi, on doit les semer d'octobre à janvier.

105. **Semis.** — Les semis se font en lignes espacées de 0m30 à 0m40, ou dans des poquets distants les uns des autres de 0m33. On enterre les semences à 0m06 ou 0m08 de profondeur.

La quantité de semences à répandre à l'hectare est de 160 à 200 kilogrammes.

106. **Entretien.** — Dès que les fèves commencent à lever, il faut leur donner un hersage léger, pour ameublir le terrain et détruire les mauvaises herbes. On doit biner et sarcler quand les plantes adventices deviennent trop nombreuses ou que le sol se recouvre d'une croûte imperméable.

Fig. 33. — Féverole.

Quand les plantes sont en fleurs, il est bon de pincer l'extrémité des tiges, pour arrêter le mouvement ascensionnel de la sève et rendre plus rapide le développement des gousses.

107. **Récolte.** — On récolte les fèves quand la plupart des gousses sont mûres, ce qu'on reconnaît à la couleur noire qu'elles prennent. On les arrache et on les laisse sécher quelques jours sur le sol. Quand elles sont sèches, on les bat au fléau et on les nettoie au tarare avant de les porter au grenier où l'on doit les brasser souvent, de peur qu'elles ne s'échauffent.

108. **Rendement.** — La moyenne du rendement d'un hectare est de 20 hectolitres environ. Le poids d'un hectolitre de fèves ou de féveroles est de 70 à 78 kilogrammes.

Le rendement en fanes est d'environ 2,000 kilogrammes à l'hectare. Ces fanes peuvent servir de litière. Dans le Nord, la féverole est cultivée comme plante fourragère, on lui associe dans ce cas de l'avoine ou de la vesce de printemps. On fauche la féverole fourragère en juillet ou en août quand les gousses sont bien formées. Elle peut être donnée en vert aux animaux ou conservée en sec pour l'hiver. Quand on la convertit en foin sec, elle porte le nom d'*hivernage*.

Composition chimique des grains et fanes de fèves :

Grains	Azote	4,08 %
	Acide phosphorique	1,16
	Potasse	1,20
	Chaux	0,15
	Autres matières	93,41
	TOTAL	100,00
Pailles ou Fanes	Azote	1,63 %
	Acide phosphorique	0,41
	Potasse	2,59
	Chaux	1,35
	Autres matières	94,02
	TOTAL	100,00

HARICOTS

109. **Variétés.** — On a obtenu un grand nombre de variétés de haricots ; toutes peuvent être classées en deux groupes : les *haricots nains* et les *haricots à rames*.

Les haricots nains peuvent seuls être cultivés en plein champ ; les variétés à rames sont surtout affectées aux jardins potagers[1].

110. **Sol.** — Les haricots ne peuvent être cultivés en grand que dans les terres très meubles et très propres, les marais par exemple, quand ils sont bien desséchés.

La préparation des terres est absolument la même que pour les fèves.

111. **Semis.** — On sème à la fin d'avril et dans le

1. Nous ne nous occupons ici que de la culture des haricots en plein champ. Pour ce qui se rapporte à la culture potagère, voir ci-après pages 279, 280 et 281.

courant de mai en lignes espacées de 0m50 ou en poquets distants les uns des autres de 0m33. Il faut semer le haricot quand les gelées ne sont plus à craindre, car c'est une plante très délicate. La quantité de semences nécessaire pour l'ensemencement d'un hectare varie de 120 à 150 kilogrammes.

112. **Récolte.** — On bine et on sarcle les haricots, quand le besoin s'en fait sentir. Quand la plupart des gousses sont mûres, on fait la récolte. Pour cela, on arrache les plantes à la main et on en fait de petites bottes, qu'on laisse pendant deux ou trois jours dans le champ, pour les faire sécher. On les rentre ensuite et on les dépose dans un grenier où la dessiccation s'achève, en attendant le battage. On peut aussi les dessécher sur le champ, en disposant les bottes la tête en bas, si le temps est au beau. On les bat au fléau sur des toiles ou on les égrène à la main.

Fig. 34. — Haricot.

113. **Rendement.** — On obtient en moyenne 20 hectolitres à l'hectare. Chaque hectolitre pèse de 75 à 80 kilogrammes. Le rendement en tiges ou fanes peut atteindre 1,500 à 1,800 kilogrammes à l'hectare.

114. **Dolic.** — Le haricot connu sous le nom de *dolic* et qui est très cultivé dans le Languedoc et la Provence est presque inconnu dans le centre et le nord de la France. Ses gousses sont plus étroites que celles du haricot ordinaire.

Composition chimique des grains et fanes de haricots :

Grains	Azote	3,85 %
	Acide phosphorique	9,50
	Potasse	0,40
	Chaux	0,13
	Autres matières	86,12
	TOTAL	100,00
Fanes	Azote	1,36 %
	Acide phosphorique	0,40
	Potasse	1,64
	Chaux	1,44
	Autres matières	95,16
	TOTAL	100,00

LENTILLES

115. Les lentilles sont des plantes de la famille des légumineuses caractérisées par un ovaire à deux ovules, ce qui fait qu'à la maturité chaque gousse ne donne que deux graines au maximum. Ce sont des végétaux à tiges anguleuses et rameuses de 0^m20 à 0^m40 de hauteur, portant des feuilles composées.

On connaît plusieurs variétés de lentilles, dont les plus importantes sont : la *lentille commune* et la *lentille verte du Puy*.

Fig. 35. — Lentille.

116. **Sol.** — Les lentilles aiment les sols légers, surtout quand ils contiennent une certaine proportion de calcaire. Sur les terres argileuses, les lentilles poussent en herbe, mais donnent peu de grains.

117. **Semailles.** — Les semailles peuvent s'effectuer à l'automne ou au printemps. Les lentilles d'hiver se sèment en septembre et octobre, tandis que les lentilles de prin-

temps se sèment dans le courant de mars. Les semis se font en poquets ou en lignes. On espace les poquets de 0m30 à 0m40 et les lignes de 0m25 à 0m30. On emploie de 100 à 150 litres de semence par hectare.

118. **Récolte.** — La maturité des lentilles arrive vers la fin de juillet; il faut alors procéder à la récolte. Pour cela, on choisit un jour de beau temps et on opère l'arrachage des tiges, en ayant soin de les mettre en paquets à mesure. On laisse les paquets sur le sol, la racine en l'air, pendant quelques jours, puis on les rentre à la ferme où a lieu le battage qui se fait au fléau.

Le rendement en grains est d'environ 15 hectolitres par hectare et l'hectolitre pèse de 78 à 80 kilogrammes. On peut compter sur un rendement en pailles de 2,000 à 2,500 kilogrammes à l'hectare.

Composition chimique moyenne des graines de lentilles :

Azote	3,81 %
Acide phosphorique	0,52
Potasse	0,77
Chaux	0,09
Autres matières	94,81
TOTAL	100,00

POIS

119. Le pois est une légumineuse caractérisée par des tiges creuses peu résistantes et par des feuilles paripennées, se terminant par une ou deux paires de vrilles. Les fleurs sont réunies en cymes unipares de deux ou trois fleurs. Le fruit est une gousse renfermant de dix à douze graines.

120. **Variétés.** — Les variétés de pois sont très nombreuses : elles se divisent en deux groupes : 1° les pois de culture fourragère; 2° les pois de culture potagère. Nous ne nous occuperons ici que des premiers, nous réservant de parler des seconds aux cultures potagères. (Voir ci-après, chap. XXIX).

Les pois de culture fourragère ou *pois gris*, *pois des*

champs, ont des fleurs violettes ou roses; les grains sont gris, roux ou marbrés, âpres au goût.

121. **Sol.** — Les pois gris sont peu difficiles sur la nature du sol, mais ils préfèrent cependant les terrains argilo-calcaires à tous les autres. On prépare la terre par un bon labour avant l'hiver et un autre plus léger au printemps, pour enterrer le fumier.

Fig. 36. — Pois.

122. **Semailles.** — On sème les pois dès le mois de février, en lignes ou à la volée. Les lignes doivent être espacées de 0^m35 à 0^m40.

La quantité de semences employée est de 110 à 130 litres à l'hectare.

Lorsque les pois gris sont semés en lignes, on doit leur

donner des binages et des sarclages, suivant les besoins de la végétation.

123. **Récolte.** — Le moment de la récolte est indiqué quand la moitié des gousses est complètement mûre. On les arrache alors ou on les fauche et on les laisse sécher sur le sol. Le battage se fait au fléau ou avec des gaules, sur une toile.

Le rendement en pois d'un hectare varie de 12 à 35 hectolitres. Cet écart considérable dans le rendement est dû en grande partie aux influences atmosphériques. Par les années très sèches, le pois donne peu de grains.

Le rendement en paille varie de 2,000 à 3,000 kilogrammes. Les pois gris sont donnés en nourriture aux chevaux et aux moutons avec beaucoup de profit. La paille convient très bien aux brebis pendant la saison de l'agnelage; elle est plus riche en matières grasses et azotées que celle des céréales.

On peut cultiver les pois gris comme fourrage vert. Il est nécessaire de ne pas faire revenir trop souvent la culture des pois sur le même sol, car c'est une culture épuisante. On devra mettre plusieurs années d'intervalle entre deux cultures de pois.

Composition chimique des grains et pailles de pois gris :

Grains	Azote	3,58	%
	Acide phosphorique	0,88	
	Potasse	0,98	
	Chaux	0,12	
	Autres matières	94,44	
	TOTAL	100,00	
Pailles	Azote	1,04	%
	Acide phosphorique	0,38	
	Potasse	1,07	
	Chaux	1,86	
	Autres matières	95,65	
	TOTAL	100,00	

POIS-CHICHE

124. Le pois-chiche est une plante herbacée annuelle à tiges anguleuses de 0m40 à 0m50 de hauteur. Le fruit est une gousse renfermant deux graines presque rondes.

Cette légumineuse est cultivée dans les régions les plus méridionales de la Provence et du Languedoc.

Les terrains secs, graveleux et profonds lui conviennent. On sème sur un ou deux labours, à la volée ou en lignes espacées de 0m50 à 0m60. Les semailles se font dès la fin de l'hiver. On bine pendant la végétation, suivant les besoins. La récolte a lieu en juillet, quand la moitié environ des gousses sont mûres. On bat les grains au fléau ou par le dépiquage. Le rendement en grains varie de 10 à 15 hectolitres à l'hectare, quelquefois plus. Le rendement en paille est de 2,000 kilogrammes environ par hectare.

CHAPITRE IX

Plantes fourragères.

125. Les plantes fourragères sont, ainsi que leur nom l'indique, celles que l'on destine à produire des fourrages.

Elles comprennent des plantes fourragères vivaces (prairies) et des plantes fourragères annuelles fauchables ou sarclées.

PRAIRIES

126. On désigne sous le nom de *prairies* des terres couvertes d'herbe que l'on convertit en foin, en totalité ou en partie.

On divise les prairies en deux grandes classes : les *prairies naturelles*, qui se sont formées sans l'intervention de l'homme, et les *prairies artificielles* qui sont le produit du travail humain[1].

Les prairies artificielles se divisent elles-mêmes en deux catégories : les *prairies permanentes* et les *prairies temporaires*.

PRAIRIES ARTIFICIELLES

127. **Prairies permanentes et pâturages.** — Les prairies permanentes sont quelquefois appelées improprement *prairies naturelles*. Elles sont dites *permanentes*, parce que leur durée est indéfinie, à cause de leur

1. La création des prairies artificielles étant seule soumise à l'action de l'homme, nous laisserons de côté l'étude des prairies naturelles.

réensemencement qui se fait naturellement chaque année et sans aucun travail. C'est à ce réensemencement naturel que l'on doit attribuer la fausse dénomination qui leur est donnée.

Un *pâturage* est une prairie permanente, dont les plantes atteignent une trop faible hauteur pour être coupées; l'herbe est mangée sur place par les animaux.

128. **Sol.** — Un sol frais et fertile convient bien aux prairies permanentes. Il doit avoir été bien ameubli, bien nettoyé et bien fumé avant d'être ensemencé en prairie.

129. **Semis.** — Les semis de prairies permanentes peuvent se faire à deux époques : à l'automne et au printemps.

L'ensemencement ne doit jamais se faire avec des graines prises dans les greniers. Ces semences contiennent toujours une certaine quantité de graines de plantes de mauvaise qualité, dont il serait difficile de se débarrasser plus tard.

On devra en conséquence se procurer les graines pures des espèces végétales dont on veut composer la prairie et on les mélangera ensuite au moment de semer, en alliant ensemble les graines de même grosseur. On doit s'y prendre à trois fois pour semer les graines de prairies.

Les grosses graines sont d'abord semées, puis enterrées par un hersage moyen; les graines de grosseur moyenne sont semées ensuite et enfouies par un hersage léger; enfin, les petites graines sont semées les dernières et enterrées par un roulage simple. Il est bon de mélanger ces dernières avec une petite quantité de sable pour en rendre la répartition plus complète et plus régulière.

La plupart du temps, on exécute le semis dans une céréale d'automne ou de printemps.

130. **Entretien.** — Au bout de quelques années, il sera bon de fumer les prairies. Si l'on peut les arroser avec du purin, on devra le faire, car c'est un excellent procédé.

A défaut de purin, on répandra sur le sol des composts bien décomposés; l'emploi des engrais chimiques est également très avantageux.

S'il est possible d'établir des irrigations, il ne faudra pas y manquer, car on en obtient des effets très satisfaisants.

On devra détruire les plantes de mauvaise nature, en

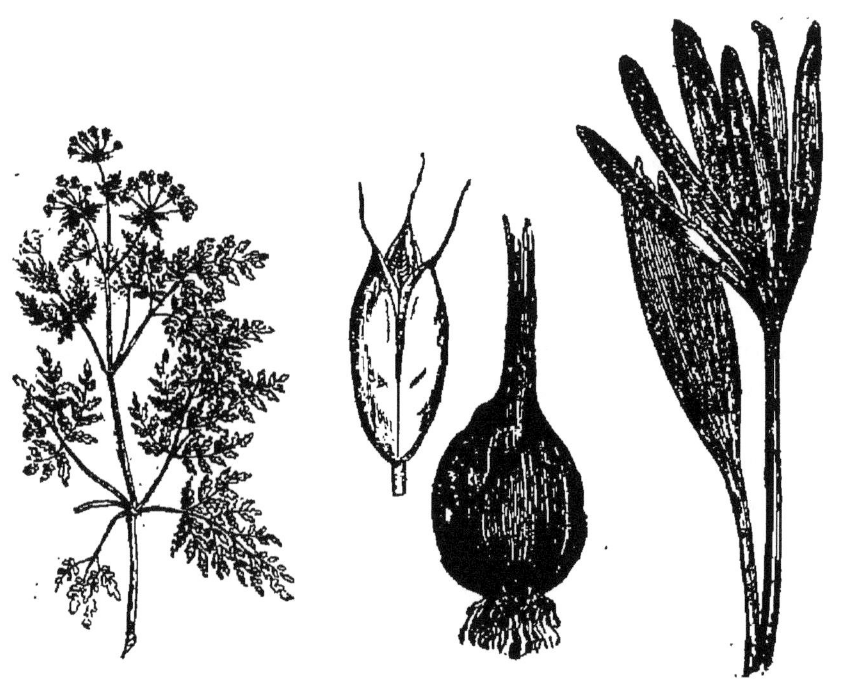

Fig. 37. — Ciguë. Fig. 38. — Colchique d'automne.

les arrachant avant leur floraison. Quelques-unes de ces plantes, telles que la colchique d'automne, la ciguë, peuvent causer des empoisonnements; il est donc très important de les extirper du sol. Les prairies humides donnent beaucoup de prêles et de joncs (fig. 39 et 40).

On devra étendre les taupinières et fourmilières et épierrer, si le besoin s'en fait sentir.

Dans le cas où la mousse envahirait la prairie, on devrait employer de vigoureux hersages à l'automne, pour en faire disparaître une partie mécaniquement. On compléterait ensuite l'action des hersages par l'épandage sur le sol de 200 kilogrammes de sulfate de fer pulvérisé à l'hectare.

131. **Choix des plantes.** — Quand on crée une prairie permanente, il faut choisir de préférence les espèces qui ont à peu près la même précocité et le même

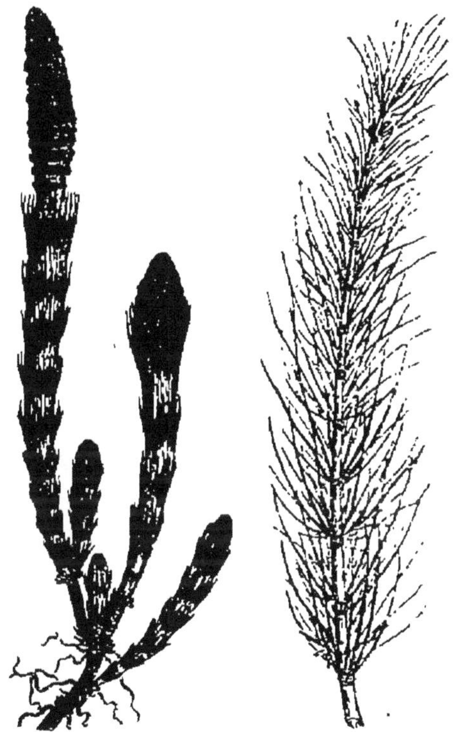

Fig. 39. — Prêles.

Fig. 40. — Jonc.

mode de végétation. De plus, il faut avoir égard à leur durée, à leur rendement et à la nature du sol qu'elles préfèrent. Il est très utile de semer un grand nombre d'espèces ; le foin aura d'autant plus de qualité que les plantes seront plus variées.

Nous allons maintenant nous occuper très succinctement des différentes plantes que l'on peut introduire dans les prairies permanentes.

Fig. 41.
Agrostide commune.

Fig. 42
Ivraie ou ray-grass.

Fig. 43
Paturin des prés.

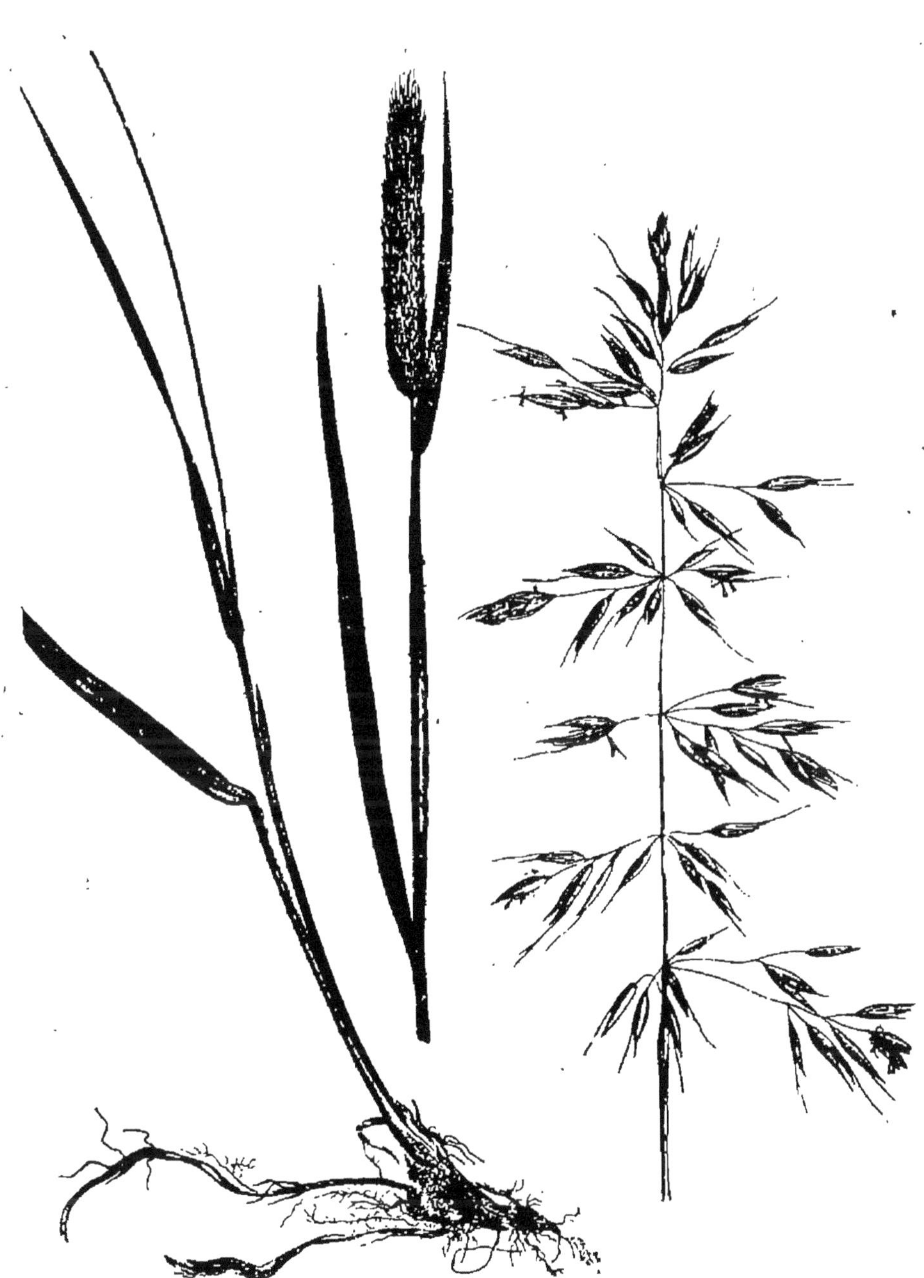

Fig. 44.
Vulpin des prés.

Fig. 45.
Avoine élevée ou fromental.

Fig. 46. Fléole des prés.

Fig. 47. Brôme des prés.

Fig. 48. Houlque laineuse.

Fig. 49.
Fétuque à racine traînante.

Fig. 50.
Fétuque odorante.

Fig. 51.
Dactyle.

132. Graminées à cultiver dans les prairies permanentes.

Noms des plantes	Quantité de graines à semer à l'hectare	Époque de la floraison	Époque de la maturité des grains	Observations et Propriétés diverses
Agrostide commune.	10 kilogr.	1er au 8 juillet	15 au 20 août	Assez tardive, foin fin, bonne qualité. Abondante en prairie fraîche, peu productive en terrain sec, gazonne bien.
Agrostide traçante. .	10 —	15-20 juillet	15-20 août	Mêmes propriétés que la précédente. Envahissante dans un sol sec.
Agrostide des chiens.	10 —	15-20 juillet	15-20 août	Tardive, foin fin, nutritif, peu abondant; devient dure si l'on coupe tard.
Cauche flexueuse . . .	30 —	1er-8 juillet	20-25 juillet	Précoce, peu productive, foin dur; végète assez bien à l'ombre.
Cauche gazonnante. .	30 —	15-20 juillet	15-20 août	Tardive, peu productive, très nutritive à l'état vert, foin dur, de médiocre qualité.
Vulpin des prés. . . .	25 —	10-15 avril	15-20 juin	Très précoce, repousse facilement, foin un peu gros, nutritif; redoute l'eau stagnante et les sécheresses prolongées.
Vulpin genouillé . . .	30 —	15-20 mai	15-20 juin	Hâtif, foin moins estimé que celui du vulpin des prés, recherché des animaux à l'état vert.
Flouve odorante . . .	40 —	8-15 avril	1er-8 mai	Très hâtive, peu productive, développe une odeur balsamique qui parfume le foin, redoute les sols humides.
Avoine élevée ou fromental.	100 —	15-20 juin	20-25 juillet	Précoce, très productive, foin un peu gros de qualité ordinaire, redoute l'eau stagnante.
Avoine jaunâtre. . . .	30 —	8-15 juillet	8-15 août	Assez tardive, foin fin, abondant en sol frais.
Avoine pubescente. .	30 —	8-15 juin	1er-8 juillet	Précoce, peu productive, foin un peu dur; repousse bien.
Avoine des prés. . . .	40 —	1er-8 juillet	20-30 juillet	Précoce, peu productive.
Brize tremblante . .	40 —	1er-8 juillet	20-30 juillet	Peu productive, foin fin très nutritif, plus élégante qu'utile; vient bien en prairie sèche.
Brôme des prés. . . .	60 —	1er-8 juillet	20-30 juillet	Précoce, se plaît en terrain calcaire sec, donne un foin un peu gros de qualité moyenne, repousse bien.
Brôme mou	50 —	10-15 juin	1er-10 juillet	Hâtif, qualité très ordinaire.
Crételle des prés . . .	25 —	1er-8 juillet	1er-8 août	Assez précoce, foin fin, peu abondant, d'excellente qualité.
Dactyle pelotonné . .	40 —	8-15 juin	20-25 août	Hâtif, foin gros abondant, de qualité ordinaire, repousse bien.
Fétuque des prés. . .	25 —	1er-8 juillet	1er-8 août	Demi-hâtive, terres fraîches et fertiles, foin un peu gros, de bonne qualité; plante très productive.
Fétuque ovine.	30 —	10-15 juin	10-15 juillet	Hâtive, excellente pour pâturage, pousse bien en terrain sec et aride, foin fin, peu abondant.
Fétuque hétérophylle	35 —	1er-8 juillet	8-20 août	Demi-hâtive, foin un peu gros de bonne qualité, convient pour pâturage en terrain sec.
Glycerie flottante. . .	35 —	1er-8 juillet	8-20 août	Très productive, foin de très bonne qualité, prairies humides.
Houlque laineuse. . .	20 —	1er-8 juillet	18-30 juillet	Demi-hâtive, terre fraîche, foin mou, poudreux, de qualité secondaire, bonne production.
Houlque molle.	20 —	8-15 juillet	8-15 août	Tardive, peu productive, foin de médiocre qualité.
Ray-grass anglais. . .	50 —	8-15 juin	10-15 juillet	Précoce, repousse bien, foin un peu dur de bonne qualité.
Ray-grass d'Italie. . .	50 —	8-15 juin	10-15 juillet	Très productif, foin de bonne qualité; pousse bien en sol frais.
Fléole des prés	8 —	8-15 juillet	8-15 août	Tardive, foin un peu gros et dur, de bonne qualité, terrain fertile.
Paturin des prés . . .	20 —	20-30 mai	20-30 juin	Hâtif, produit un foin de très bonne qualité, vient bien dans tout terrain, surtout à l'ombre.
Paturin commun . . .	20 —	10-15 juin	10-15 juillet	Hâtif, foin de bonne qualité; pousse en sol non calcaire et convient bien pour prairies irriguées.

133. **Plantes des prairies permanentes autres que les graminées.** — En outre des graminées que l'on sème dans les prairies, on doit également y faire entrer certaines plantes appartenant à d'autres familles. La famille des légumineuses est celle qui en fournit le plus, après les graminées. On pourra donc mettre, dans le mélange des graines à semer, des graines de trèfle, de lotier et de luzerne. Quelques années après l'ensemencement des prairies, leur nature a changé en grande partie. En outre des plantes qu'on y a semées, on en voit apparaître beaucoup d'autres, telles que le plantain, la pimprenelle, la centaurée, le mille-feuilles, etc., qui y prennent naissance naturellement.

Fig. 52. — Lotier corniculé.

134. **Mélanges à employer pour créer des prairies permanentes.**

1° *En terre argileuse :*

Ray-grass vivace. .	7 kilogr.	Dactyle pelotonné .	2 kilogr.
Paturin des prés. .	3 —	Houlque laineuse. .	1 —
Vulpin des prés. .	3 —	Flouve odorante. .	1 —
Brôme des prés . .	6 —	Trèfle violet	2 —
Paturin commun. .	2 —	Trèfle blanc	1 —
Fétuque des prés. .	5 —	Lupuline	0kg800gr
Fléole des prés. . .	1 —	Pimprenelle	0kg200gr
Fromental	8 —	Total. . .	43 kilogr.

2° *En terre argilo-siliceuse :*

Ray-grass anglais.	8 kilogr.	Avoine jaunâtre . .	3 kilogr.
Fétuque élevée. . .	8 —	Crételle des prés. .	2 —
Fétuque des prés. .	4 —	Flouve odorante . .	2 —
Agrostide traçante.	1 —	Paturin des prés. .	3 —
Agrostide commune	1 —	Trèfle des prés. . .	2 —
Houlque laineuse .	3 —	Trèfle blanc	1 —
Fléole des prés. . .	1 —	Lotier corniculé . .	1 —
Dactyle pelotonné .	3 —	TOTAL. . .	43 kilogr.

3° *En terrains silico-calcaires ou argilo-calcaires :*

Brôme des prés . . .	9 kilogr.	Flouve odorante. . .	2 kilogr.
Fromental.	10 —	Sainfoin.	12 —
Ray-grass	5 —	Anthyllide vulnéraire	2 —
Fétuque hétérophylle	2 —	Trèfle des prés . . .	1 —
Fétuque durette . . .	2 —	Trèfle blanc	1 —
Houlque laineuse. . .	1 —	Lupuline	1 —
Fléole des prés. . . .	1 —	Pimprenelle	2 —
Dactyle pelotonné . .	2 —	TOTAL. . .	53 kilogr.

4° *En terrains sableux, granitiques, secs :*

Ray-grass.	6 kilogr.	Vulpin des champs .	3 kilogr.
Fromental	12 —	Brôme des prés . . .	3 —
Paturin commun. . .	2 —	Dactyle pelotonné . .	3 —
Agrostide commune .	1 —	Flouve odorante . . .	2 —
Houlque laineuse . .	1 —	Crételle des prés. . .	2 —
Avoine jaunâtre . . .	2 —	Trèfle des prés. . . .	1 —
Cauche gazonnante .	2 —	Trèfle blanc.	1 —
Fétuque durette . . .	2 —	Lupuline	1 —
Fétuque ovine	2 —	TOTAL. . .	48 kilogr.
Fétuque hétérophylle	2 —		

5° *En terrain calcaire sec :*

Ray-grass vivace. . .	8 kilogr.	Flouve odorante. . .	2 kilogr.
Brôme dressé.	8 —	Trèfle rampant. . . .	2 —
Dactyle pelotonné . .	4 —	Trèfle blanc	2 —
Fétuque élevée. . . .	4 —	Lupuline	3 —
Houlque laineuse. . .	2 —	Sainfoin.	10 —
Cynosure à crête. . .	3 —	TOTAL. . .	48 kilogr.

CHAPITRE X

Plantes fourragères (*suite*).

135. **Prairies temporaires.** — Les prairies temporaires ne durent qu'un temps limité de deux ou trois à dix ou douze ans. On les désigne souvent sous le nom de prairies artificielles. Elles appartiennent effectivement à la catégorie des prairies artificielles, mais il est utile de les distinguer des prairies permanentes; qui sont aussi créées par la main de l'homme.

Les prairies temporaires sont en majeure partie constituées par des plantes de la famille des légumineuses. Les plus employées sont la luzerne, le trèfle et le sainfoin. Mais les légumineuses ne sont pas les seules plantes susceptibles d'entrer dans la composition de ces prairies. On peut en effet associer les légumineuses et les graminées; c'est ainsi que le trèfle et le ray-grass semés ensemble peuvent former d'excellentes prairies. On peut également obtenir de bonnes prairies temporaires en semant seules des graines de graminées; les plus employées sont dans ce cas le ray-grass et la fléole des prés.

LUZERNE (Légumineuses).

136. La luzerne cultivée est caractérisée par ses fleurs violettes et par ses gousses polyspermes, enroulées en deux ou trois tours de spire.

Cette plante est pourvue d'une très longue racine pivotante; elle forme de fortes souches, émettant des tiges rameuses qui atteignent de 0^m50 à 0^m80 de hauteur. La luzerne est surtout un fourrage du midi de l'Europe ; elle ne donne pas un rendement aussi élevé dans le Nord. En France, on observe facilement une diminution proportionnelle de sa culture, au fur et à mesure qu'on s'élève en latitude. Elle est remplacée par le trèfle dans les climats septentrionaux.

Fig. 53. — Luzerne.

137. **Sol.** — La luzerne aime un terrain profond, pas trop humide et de consistance moyenne, contenant du calcaire. Le sous-sol doit être perméable pour que les racines ne baignent pas dans l'eau, car dans ce cas la plante dépérit.

On ne peut espérer de beaux résultats que dans les sols riches, profondément défoncés et bien meubles.

Avant l'ensemencement de la luzerne, on donnera de bons labours et on aura le choix de semer sur sol nu ou dans une céréale.

138. **Semailles.** — Les semailles de luzerne peuvent s'effectuer à l'automne ou au printemps. Dans le Midi, l'ensemencement se fait à l'automne et sur sol nu.

Dans le Centre et le Nord, on sème de préférence au printemps et dans une céréale.

Sous le climat brumeux de l'Ouest, on opère quelquefois les semailles à l'automne et sur sol nu, mais le plus souvent on attend au printemps, de peur des gelées.

On sème à la volée ou en lignes espacées de 15 à 20 centimètres.

Le premier procédé est de beaucoup le plus suivi.

Les semailles d'automne se font au mois de septembre, dans le Midi; celles de printemps doivent être faites dans le courant de mars.

La quantité de semences à employer à l'hectare est de 25 à 30 kilogrammes.

On herse légèrement pour recouvrir les graines.

139. **Entretien.** — L'entretien d'une luzernière se borne à l'épierrement et à l'épandage des taupinières et fourmilières. Si l'on dispose d'une certaine quantité d'eau, on fera très bien d'employer les irrigations. Dans les terres peu fertiles, il est nécessaire de fumer en couverture, c'est-à-dire sur la plante en végétation, si l'on veut conserver la luzerne pendant un temps assez long. La suie, les cendres, les composts peuvent être employés avec avantage. Les engrais phosphatés et potassiques ont souvent donné de bons résultats.

Une luzernière bien entretenue peut durer de 8 à 10 ans sur le même sol; on en a même vu quelques-unes prospérer pendant une vingtaine d'années dans le même terrain.

Il est admis qu'on ne peut faire revenir une luzernière sur le même sol qu'après un laps de temps au moins égal à sa durée. Ex. : Une luzernière a occupé un sol pendant cinq ans; on la défriche à ce moment. Il faudra attendre au moins cinq années avant d'ensemencer de nouveau le sol en luzerne.

140. **Maladies et plantes parasitaires.** — La luzerne est envahie par plusieurs végétaux parasitaires dont les principaux sont : le *rhizoctone,* la *cuscute* et l'*orobanche rougeâtre.*

Le *rhizoctone* est un champignon parasite qui se développe sur les racines de la luzerne et les désorganise rapidement.

La maladie se manifeste par le dessèchement et la mort des tiges, en juin ou au commencement de juillet. Les taches formées par la luzerne morte grandissent très rapidement, en décrivant des cercles irréguliers.

Il est possible de combattre la maladie en creusant des

fossés profonds autour des places atteintes. On a reconnu qu'elle attaque surtout la luzerne dans les terrains humides;

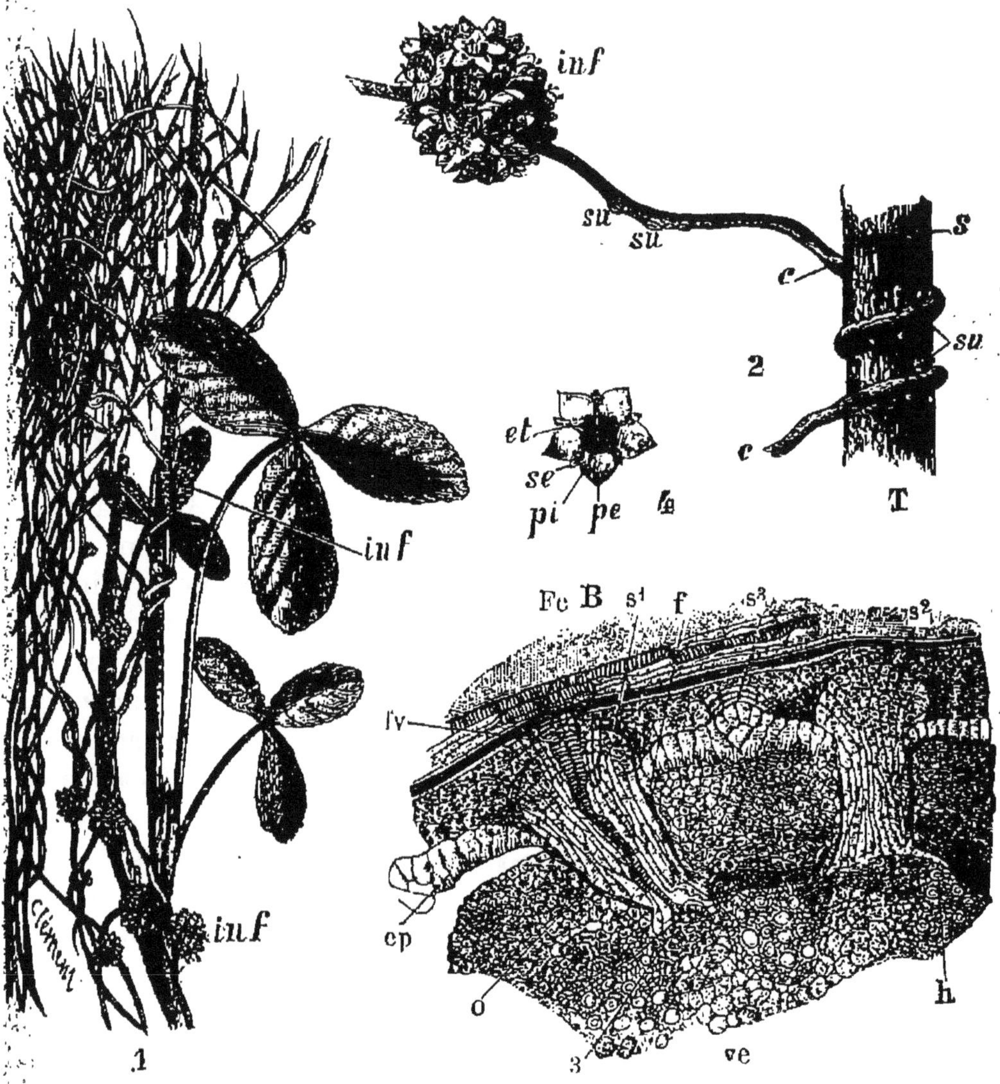

Fig. 54. — Cuscute : 1° fragment d'une tige de légumineuse envahie par la cuscute; 2° fragment d'une tige de cuscute avec suçoirs *su* et inflorescence *inf;* 3° coupe transversale d'une tige de luzerne passant par trois suçoirs s^1, s^2, s^3; 4° fleur de cuscute.

on doit donc combattre l'humidité du sol par le drainage.

La *cuscute,* aussi appelée *teigne, cheveux de Vénus, che-*

veux du diable, est une plante parasite qui se développe sur un certain nombre de légumineuses. Elle se multiplie par ses graines et ses filaments.

La graine de cuscute en germant donne naissance à une racine grêle qui tient au sol pendant quelque temps, mais qui meurt dès que la jeune plante, ayant une certaine longueur, a rencontré un végétal sur lequel elle peut se fixer et se nourrir. La cuscute s'attache sur les végétaux, au moyen de suçoirs ou crampons.

Fig. 55. — Orobanche.

On a recommandé de nombreux moyens pour détruire la cuscute ; le meilleur semble être le suivant : on fauche au ras de terre les endroits envahis et on emporte les débris avec soin en dehors de la luzernière ; puis avec une dissolution de sulfate de fer ou vitriol vert (4 à 5 kilogrammes par 100 litres d'eau) on asperge toute la surface atteinte. Sous l'action de cette solution vitriolique, les fragments de tiges qui sont encore sur le sol prennent une teinte brune et perdent leur vitalité.

Toutes les tiges de cuscute doivent être incinérées. C'est le seul moyen vraiment pratique de les détruire complètement.

L'*orobanche rougeâtre* vit aux dépens de la luzerne, sur les racines de laquelle elle fixe des sortes de suçoirs qui lui permettent d'y puiser des sucs tout élaborés, dont elle se nourrit.

Quand un champ de luzerne est infesté par les orobanches, il faut le défricher.

141. **Récolte.** — On fauche la luzerne, quand elle commence à fleurir. On obtient ordinairement trois coupes pendant l'année. Quand on irrigue les luzernières, on peut obtenir cinq et six coupes.

Le rendement moyen en foin sec est de 7,000 à 8,000 kilogrammes à l'hectare. M. de Gasparin signale un rendement de 15,000 kilogrammes de foin sec, dans une luzernière de deux ans.

Composition chimique moyenne du foin sec de luzerne :

Azote	2,30 %
Acide phosphorique	0,51
Potasse	1,52
Chaux	2,88
Autres matières	92,79
TOTAL	100,00

TRÈFLE COMMUN (Légumineuses).

142. Le *trèfle commun* ou *trèfle violet, trémaine* est regardé à juste titre comme une de nos meilleures plantes fourragères. Ses racines sont fortes et pivotantes ; ses tiges atteignent 0m65 de hauteur dans les bons terrains ; elles sont ramifiées et munies de feuilles composées de trois folioles. Les fleurs sont roses et réunies en capitules ovoïdes ; les graines sont contenues dans des gousses formées par les enveloppes calicinales.

143. **Climat.** — Le trèfle commun est surtout cultivé dans les contrées de l'Europe septentrionale ; il est peu répandu dans la région méridionale, parce que les fortes chaleurs l'arrêtent dans son développement.

144. **Sol.** — Les terres qui lui sont le plus favorables sont celles de consistance moyenne, reposant sur un sous-sol perméable. Il faut un sol profond où la sécheresse ne soit pas à craindre. Comme la luzerne, le trèfle peut être semé à l'automne ou au printemps, sur sol nu ou dans une céréale. Les semailles de printemps sont les plus usitées.

145. **Semailles.** — Il est très important de ne con-

fier à la terre que des graines absolument pures, de belle qualité, exemptes de semences de cuscute et récoltées l'année précédente. Les vieilles graines sont plus sombres et moins luisantes que les graines de l'année.

On répand de 15 à 20 kilogrammes de semences par hectare. On les recouvre par un hersage léger ou simplement

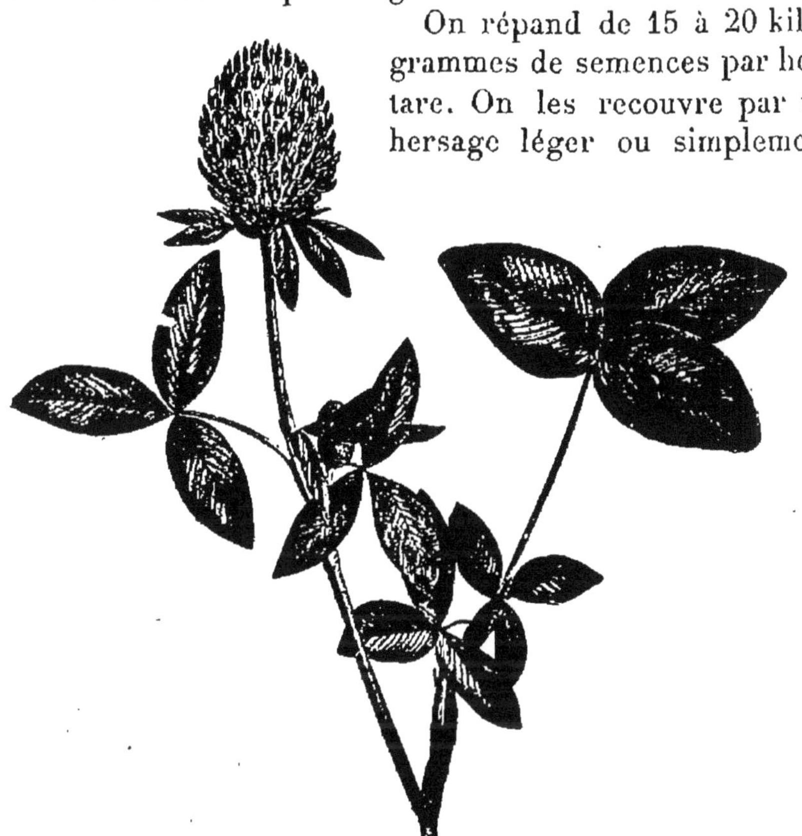

Fig. 56. — Trèfle.

par un roulage. Les tréflières doivent être épierrées chaque année : il faut aussi étendre les taupinières et les fourmilières qui se forment à la surface du sol et qui peuvent gêner le fauchage.

Le trèfle est attaqué par deux plantes parasites : *la cuscute* et *l'orobanche mineure.*

146. **Récolte.** — On fauche le trèfle violet quand il est en fleur, c'est-à-dire à la fin de mai ou pendant la première quinzaine de juin. Dans les bonnes terres, le trèfle fournit une deuxième coupe en août.

Le rendement du trèfle en foin sec est de 7,000 à 8,000 kilogrammes par hectare. Cette plante n'a guère qu'une durée de deux ans ; on la défriche ordinairement en septembre.

Composition chimique du foin sec de trèfle violet :

Azote.	2,40 %
Acide phosphorique .	0,65
Potasse	1,24
Chaux	1,71
Autres matières. . . .	94,00
TOTAL.	100,00

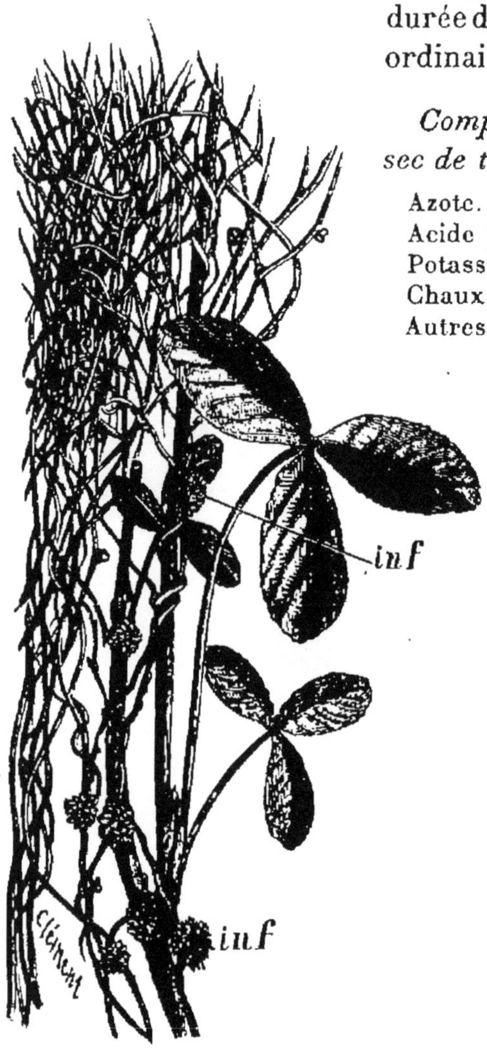

Fig. 57.
Tige de trèfle envahie par la cuscute.

Fig. 58.
Trèfle atteint par la cuscute.

SAINFOIN (Légumineuses).

147. **Sol.** — Le sainfoin aime les sols calcaires et redoute les sols humides ou argileux. Dans les sols assez frais, sans être humides, il acquiert un très grand développement.

La culture du sainfoin en France est principalement répandue dans la Normandie, la Champagne, la Bourgogne, le Poitou et l'Angoumois.

148. **Variétés.** — On distingue deux variétés de sainfoin : le *sainfoin ordinaire* et le *sainfoin chaud* ou *à deux coupes*. Cette variété est plus vigoureuse que l'autre ; elle donne deux coupes par année.

Fig. 59. — Sainfoin. Fig. 60. — Lupuline.

149. **Semailles.** — Les semailles peuvent s'effectuer à l'automne ou au printemps, sur sol nu ou couvert par

une céréale. Les graines sont répandues sur le sol à la volée, à raison de 4 hectolitres à l'hectare ; on les enterre par un hersage.

150. **Récolte.** — Pour faucher le sainfoin il convient d'attendre que la floraison soit complète ; on obtient alors le maximum de produits. Le rendement est en moyenne de 4,000 à 5,000 kilogrammes de foin sec à l'hectare.

Les cultures de sainfoin sont conservées de quatre à six ans ; après cet espace de temps on les défriche.

Composition chimique moyenne du foin sec de sainfoin :

Azote	2,13 %
Acide phosphorique	0,47
Potasse	1,79
Chaux	1,46
Autres matières	94,15
TOTAL	100,00

LUPULINE OU MINETTE (Légumineuses).

151. **Sol.** — La lupuline vient dans les terres calcaires et donne un bon rendement, quand le sol est fertile. On sème aux mêmes époques et de la même façon que pour la luzerne. On emploie 15 à 18 kilogrammes de graines, par hectare à ensemencer.

La lupuline est peu employée en prairies temporaires. On l'utilise pour en obtenir des pâturages.

152. D'autres plantes peuvent servir pour créer des prairies temporaires. Ce sont : le ray-grass, la chicorée sauvage et la jacée des prés.

CHAPITRE XI

Plantes fourragères *(suite)*.

PLANTES FOURRAGÈRES ANNUELLES

153. Les *plantes fourragères annuelles* sont ainsi nommées parce qu'elles n'ont qu'une durée d'un an et quelquefois moins.

On peut les diviser en deux catégories : les plantes *fourragères fauchables* et les *plantes fourragères sarclées.* Les plantes fourragères fauchables sont généralement consommées en vert par les animaux. Elles forment la base de la nourriture d'été des diverses espèces animales domestiques et plus spécialement des bovidés. Les plantes annuelles fauchables les plus cultivées sont : le trèfle incarnat, la vesce, la gesse chiche et l'anthyllide vulnéraire.

Les plantes sarclées sont fourragères par leurs feuilles, par leurs tubercules ou par leurs racines.

Ces plantes sont ordinairement consommées par les animaux pendant la saison d'hiver.

Les plantes sarclées les plus connues sont :

Les choux fourragers (fourragers par leurs feuilles et leurs tiges) ;

Les topinambours (fourragers par leurs tubercules et leurs tiges vertes) ;

Les pommes de terre (fourragères par leurs tubercules) ;

Les betteraves fourragères (fourragères par leurs racines et leurs feuilles) ;

Les navets ;

Les rutabagas (fourragers par leurs racines et leurs feuilles) ;

Les carottes et les panais.

Plantes fourragères fauchables.

TRÈFLE INCARNAT

154. Le *trèfle incarnat* ou *farouche*, ou *trèfle du Roussillon*, est une légumineuse annuelle originaire de l'Europe méridionale. Il diffère du *trèfle violet* par ses tiges et ses feuilles qui sont recouvertes de poils mous. Ses fleurs sont d'un rouge vif brillant.

155. **Variétés.** — Le trèfle a donné naissance à quatre variétés très intéressantes pour le cultivateur:

1° Le *trèfle incarnat hâtif*, qui entre en fleurs dès la première quinzaine de mai ;

2° Le *trèfle incarnat tardif*, qui fleurit une dizaine de jours après le premier ;

3° Le *trèfle incarnat tardif à fleurs blanches*, qui épanouit ses fleurs douze jours environ après le précédent ;

4° Le *trèfle incarnat extra-tardif*, qui fleurit quinze jours après le trèfle incarnat à fleurs blanches. Cette dernière variété est la plus productive.

156. **Sol.** — Le trèfle incarnat demande un sol ayant une certaine consistance, sans être compact. Il se plaît dans les bonnes terres à blé.

157. **Semailles.** — On sème le trèfle incarnat sur une céréale, dès qu'elle est enlevée. Pour cette culture, il ne faut pas de labour profond ; un simple hersage, s'il est un peu énergique, suffit. On peut employer un extirpateur pour préparer le sol.

Il vaut mieux semer la graine *en bourre*, c'est-à-dire

entourée de ses enveloppes florales, car elle lève mieux de cette façon que si elle en était débarrassée.

Fig. 61. — Trèfle incarnat.

On sème à raison de 120 kilogrammes à l'hectare. Si

la graine est *mondée*, on n'en sème que 30 kilogrammes à l'hectare.

On enterre les graines par un hersage léger ou par un roulage.

158. **Récolte.** — On fauche le trèfle incarnat, quand ses fleurs commencent à s'épanouir. Les tiges sont alors très tendres et constituent un excellent fourrage vert; elles ont environ 0^m75 de hauteur.

On ne fait consommer le trèfle incarnat qu'en vert; lorsqu'il est sec, il constitue un mauvais fourrage.

Une culture bien réussie donne par hectare 20,000 kilogrammes de fourrage vert.

Composition chimique moyenne du trèfle incarnat en vert :

Azote	0,53 %
Acide phosphorique	0,13
Potasse	0,46
Chaux	0,45
Autres matières	98,43
TOTAL	100,00

VESCES (Légumineuses).

159. Les vesces se distinguent par leurs tiges anguleuses et grimpantes, leurs feuilles composées de six à huit folioles et leurs fleurs solitaires ou géminées, parfois réunies en grappes. Les graines sont globuleuses ou lenticulaires; elles sont renfermées dans une gousse plus ou moins allongée.

160. **Variétés.** — On cultive deux espèces de vesce : 1° la *vesce commune;* 2° la *vesce velue.*

La *vesce commune* se trouve dans toute l'Europe; on en cultive deux variétés : la *vesce commune d'hiver* et la *vesce commune de printemps*. La *vesce velue*, dite aussi *vesce de Russie*, est l'espèce la plus vigoureuse; ses tiges atteignent 2 mètres de hauteur. Cette espèce est couverte de poils nombreux; elle fut introduite en France, il y a une cinquantaine d'années, mais on la délaissa.

Elle est très répandue dans l'Allemagne septentrionale. On l'a beaucoup recommandée en France en ces dernières

Fig. 62. — Vesce.

années. L'avantage de cette espèce serait de ne craindre ni la gelée, ni la sécheresse et de donner la même année deux coupes de fourrage. On dit aussi qu'elle a une plus grande valeur alimentaire que la vesce commune.

161. **Sol.** — Les vesces réussissent à peu près dans tous les sols, pourvu qu'ils ne soient pas trop compacts.

A raison de la faiblesse de ses tiges, la vesce est toujours cultivée en mélange avec une céréale, le seigle ou l'avoine, dont les tiges supportent celles de la vesce qui s'y enroule par des vrilles. Ce mélange porte les noms de *dravière*, *dragée, bargelade*.

162. **Semailles.** — Les semailles peuvent être faites à deux époques : à l'automne et au printemps, à raison de 150 litres de graines à l'hectare. Les soins d'entretien sont nuls, car la plante couvre la terre très rapidement.

163. **Récolte.** — La consommation des vesces se fait généralement en vert. Il faut les faucher quand elles commencent à fleurir. Si l'on voulait les faire sécher, il faudrait attendre que les graines fussent formées.

Une culture de vesce peut donner par hectare 15,000 à 20,000 kilogrammes de fourrage vert. Si l'on fait sécher la récolte, on peut obtenir de 4,000 à 5,000 kilogrammes de foin sec à l'hectare.

Composition chimique moyenne de la vesce en vert :

Azote	0,48 %
Acide phosphorique	0,16
Potasse	0,66
Chaux	0,41
Autres matières	98,29
TOTAL	100,00

GESSE CHICHE (Légumineuses).

164. La *gesse chiche* ou *jarosse, petite gesse, jarat, pois cornu,* possède des tiges glabres qui atteignent 0m60 de hauteur et sont munies de feuilles pennées terminées par une vrille. Les fruits sont des gousses qui contiennent des graines anguleuses de couleur gris-cendré.

C'est une plante très rustique qui peut réussir admirablement sous tous les climats de l'Europe. Elle résiste aux grands abaissements de température, ainsi qu'aux sécheresses intenses.

165. **Sol.** — La gesse pousse à peu près dans tous les sols, mais on a l'habitude de lui réserver les plus pauvres. La préparation du terrain avant les semailles peut se faire au moyen d'un labour de $0^{m}15$ à $0^{m}20$ de profondeur.

166. **Semailles.** — On sème la gesse en septembre à raison de 250 litres environ par hectare. Le recouvrement des graines se fait à la herse. Il est bon d'associer du seigle ou de l'avoine à la gesse pour lui servir de tuteur.

167. **Récolte.** — Le moment de la récolte est arrivé lorsque les fleurs sont entièrement épanouies, ce qui arrive généralement en juin. Le fourrage ainsi produit est consommé en vert ou transformé en foin.

On obtient un rendement moyen de 6,000 à 8,000 kilogrammes de fourrage vert à l'hectare, ce qui correspond à 2,500 à 3,000 kilogrammes de foin sec.

ANTHYLLIDE VULNÉRAIRE (Légumineuses).

168. *L'anthyllide vulnéraire* ou *trèfle jaune des sables* est une plante fourragère qui vient bien dans les terres sèches et calcaires.

Cette plante peut être semée à deux époques : 1° au printemps dans une céréale; 2° au mois d'août, sur un chaume de blé ou d'avoine ameubli par un hersage vigoureux.

Le fourrage qu'on obtient, en mai et juin, est très nutritif. Il peut être consommé par les chevaux, mais il paraît surtout convenir à la nourriture des vaches laitières, dont il augmente la production en lait.

Le rendement peut atteindre de 5,000 à 6,000 kilogrammes de fourrage vert à l'hectare.

La culture de cette plante est très répandue en Allemagne, mais fort peu en France.

CHAPITRE XII

Plantes fourragères (*suite*). — Plantes fourragères sarclées.

CHOUX FOURRAGERS (Crucifères).

169. Le chou fourrager joue un rôle important dans l'alimentation des bêtes bovines dans les régions Ouest et Nord-Ouest.

Fig. 63. — Chou cabus[1].

170. **Variétés.** — Le chou fourrager a produit cinq variétés distinctes :

1. Dans l'Est, on utilise quelques variétés de choux cabus à la nourriture des animaux.

1° Le *chou branchu* ou *chou du Poitou*, qui est très ramifié et en buisson;

2° Le *chou moellier* ou *chou à moelle;* il se distingue du précédent par sa tige, qui présente un fort renflement contenant une moelle abondante et nutritive. Cette variété ne résiste pas aux froids des hivers ordinaires;

Fig. 64. — Chou branchu du Poitou.

3° Le *chou cavalier* ou *chou arbre*, qui peut atteindre plus de 2 mètres de hauteur. Il fournit moins de feuilles et moins de ramifications que le chou branchu;

4° Le *chou caulet de Flandre*, qui se distingue par sa tige et ses pétioles violacés. Cette variété est très rustique, elle ressemble au chou du Poitou;

5° Le *chou frisé* ou *chou du Nord*, qui est caractérisé par ses feuilles frisées.

171. **Sol.** — Les choux fourragers demandent des terres un peu argileuses ou argilo-calcaires de bonne qualité et reposant sur sous-sol perméable.

Les engrais calcaires ou phosphatés contribuent beaucoup à rendre les récoltes abondantes.

Fig. 65. — Chou moellier.

172. **Semis.** — Les semis peuvent se faire à deux époques : en juillet ou en mars. Ils doivent toujours être faits en pépinière. Quand les jeunes choux sont suffisamment développés, on les transplante en ayant soin de les espacer de $0^{m}80$ à 1 mètre en tous sens.

173. **Récolte.** — La récolte des feuilles se fait quand

les choux sont assez forts, ce qui arrive vers la mi-septembre. On sépare de la tige les feuilles inférieures, en

Fig. 66. — Chou frisé.

ayant soin de les bien enlever du tronc à leur insertion. On répète chaque jour l'opération jusqu'à ce que l'époque de la floraison arrive. Quand les fleurs apparaissent, on coupe les tiges et on les donne aux bestiaux.

Le rendement en feuilles d'un hectare de choux fourragers est de 20,000 à 25,000 kilogrammes.

Le poids des tiges et des feuilles coupées au moment de la floraison peut lui-même atteindre 40,000 à 50,000 kilogrammes, ce qui porte la récolte totale à 60,000 ou 75,000 kilogrammes.

Composition chimique moyenne des choux fourragers :

Azote	0,26 %
Acide phosphorique	0,04
Potasse	0,36
Chaux	0,58
Autres matières	98,76
TOTAL	100,00

TOPINAMBOURS (Composées).

174. Le topinambour est une plante à souche tuberculeuse, portant plusieurs renflements féculents, rougeâtres ou blanc-rosé.

Fig. 67. — Topinambour.

Les tiges s'élèvent à une hauteur de 1m50 à 2m50; elles sont rugueuses et portent des feuilles ovales, pointues et de couleur vert foncé. Les fleurs sont jaunes; elles s'épanouissent en septembre et octobre.

175. **Variétés.** — Les variétés de topinambour sont au nombre de deux : l'une de couleur rougeâtre, l'autre à peu près complètement blanche.

176. **Sol.** — Le topinambour vient indifféremment dans tous les sols et il donne d'abondants produits, quand la terre est fertile.

177. **Culture.** — Le sol devra être préparé par un labour avant l'hiver, un autre au printemps, puis une fumure que l'on enterre par un troisième labour, qui peut servir pour enterrer les tubercules.

On plante les topinambours en lignes espacées de 0^m60 à 0^m80 et on les met à 0^m60 dans les lignes.

La plantation peut se faire à la charrue et à plat, ou sur billons et à la main. On bine les cultures de topinambour quand le sol s'encroûte ou s'enherbe.

178. **Récolte.** — Les tubercules peuvent passer l'hiver en terre, ils résistent à d'assez fortes gelées. Cela permet de ne les récolter qu'au fur et à mesure des besoins de la consommation, car ils se flétrissent très vite. On peut récolter des tiges en vert, pour les faire consommer aux animaux en cet état.

Le rendement en tubercules est très variable, suivant la nature du sol et son état de fertilité. On peut compter sur un rendement moyen de 30,000 kilogrammes à l'hectare. Un hectolitre de tubercules de topinambours pèse de 78 à 80 kilogrammes.

POMMES DE TERRE (Solanées).

179. La pomme de terre était absolument inconnue dans l'ancien monde, au commencement du seizième siècle; elle occupe aujourd'hui un rang très important dans l'alimentation. On voit par là quels rapides progrès peut faire la culture d'une plante, quand elle présente une utilité économique réelle.

Il est absolument hors de doute que la pomme de terre est originaire de l'Amérique. Quant à la date de son introduction en Europe, il est fort probable qu'on ne la connaîtra jamais.

L'importation la plus authentique est celle du navigateur anglais Walter Raleigh et de son compagnon Thomas Herriott. En 1586, ils rapportèrent en Angleterre des tubercules pris en Virginie, sur la côte de l'Amérique du Nord.

Quoi qu'il en soit de l'introduction première de la pomme de terre en Europe, elle ne se répandit guère en France que vers le milieu du dix-huitième siècle.

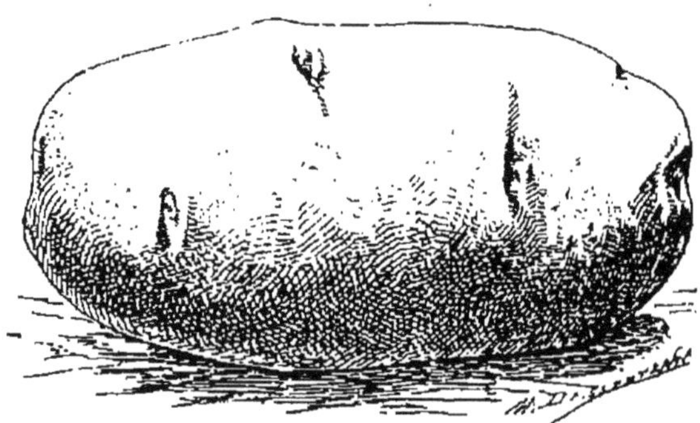

Fig. 68. — Pomme de terre magnum bonum.

Les publications et les efforts de *Parmentier* pour propager dans notre pays la culture de la pomme de terre furent couronnés de succès, grâce à l'appui que lui donna Louis XVI. On l'a quelquefois considéré comme le véritable introducteur de cette plante en France. Bien avant Parmentier, la pomme de terre était d'un usage courant en Lorraine, en Franche-Comté et dans le Dauphiné.

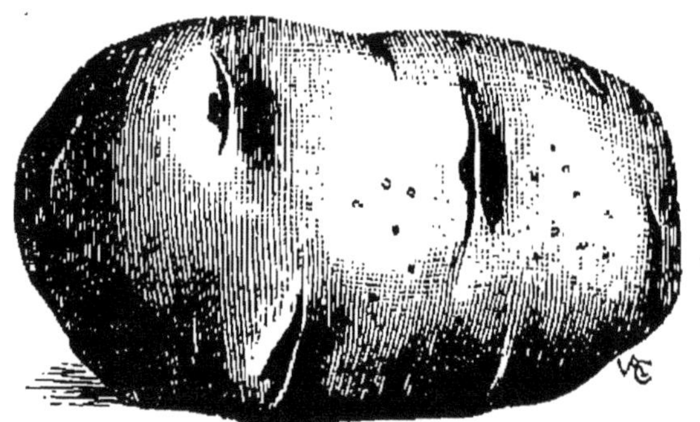

Fig. 69. — Pomme de terre Van der Veer.

Les écrits de Parmentier, qui ont lié si intimement son nom à cette plante alimentaire, eurent pour résultat d'étendre dans le pays tout entier les bienfaits que certaines provinces retiraient de la culture de la pomme de terre.

180. **Variétés.** — Les variétés de pommes de terre sont fort nombreuses; on les a multipliées à l'infini. Elles peuvent être divisées en deux grandes classes : les *pommes*

de terre de grande culture et les *pommes de terre de culture potagère.*

Les variétés de grande culture sont surtout récoltées pour la nourriture du bétail ou pour les besoins de l'industrie; elles servent moins à l'alimentation humaine; celles de culture potagère sont exclusivement employées pour la nourriture de l'homme.

181. **Tableau des variétés de grande culture.**

(Classification de Vilmorin.)

Pommes de terre de grande culture	1° *Jaunes rondes.*	Chave; Grosse jaune; Segonzac; de Lesquin; Imperator; Champion; Kornblüme; Canada; Van der Veer; Alkohol; Jeancé; Chardon; Idaho; Institut de Beauvais.
	2° *Jaunes longues.*	Magnum bonum; Saucisse blanche (Les jaunes longues sont moins productives que les jaunes rondes).
	3° *Roses ou rouges rondes.*	Patraque blanche; Rohan; Truffe d'août de Zélande; Farineuse rouge; Merveille d'Amérique, etc.
	4° *Roses ou rouges longues lisses.*	Early rose; Saucisse rose; Rose hâtive; Plate rouge; Savonnette rose.

182. **Sol.** — La pomme de terre réussit bien dans tous les terrains, sauf dans ceux qui sont trop argileux ou trop humides. Les terres franches, bien travaillées et bien fumées, leur conviennent tout spécialement.

La pomme de terre est très sensible à l'influence des engrais; ceux qui lui conviennent le mieux sont les engrais potassiques, surtout quand le sol est pauvre en potasse.

183. **Culture.** — Le sol doit être ameubli par un

labour avant l'hiver ; au printemps, on donne un second labour et un hersage, puis quelque temps après on fume et on enterre le fumier et les tubercules par un troisième labour.

Fig. 70. — Touffe de pommes de terre.

L'époque la plus favorable à la plantation s'étend du 20 mars au 15 mai; les premiers jours d'avril sont ordinairement préférés. L'espacement à observer entre chaque pied varie de 0^m40 à 0^m60 en tous sens.

On plante généralement à la charrue, en laissant deux raies entre chaque rang de pommes de terre. Autant que possible, on fumera fortement, car cette plante est avide d'engrais.

184. **Choix des tubercules.** — On doit prendre des tubercules de moyenne grosseur et ne jamais les couper en deux, quand ils sont un peu gros. Quand on les coupe, il arrive fort souvent qu'ils ne produisent rien.

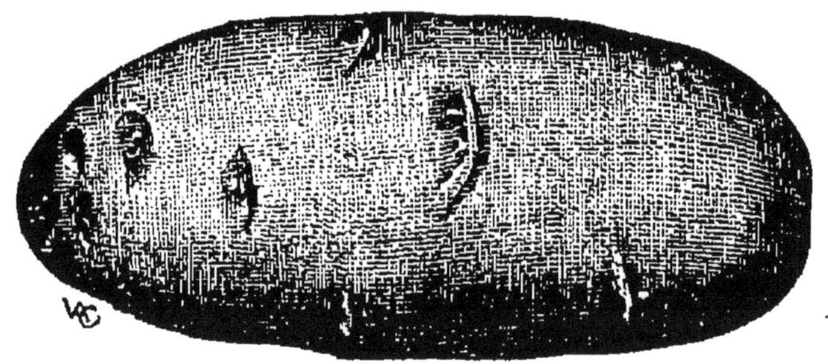

Fig. 71. — Pomme de terre Early rose.

185. **Entretien.** — Dès que les pommes de terre lèvent, on donne un fort hersage pour ameublir et nettoyer

le sol. On casse bien quelques tiges en opérant ainsi, mais d'autres repoussent après. On bine et on sarcle quand le besoin s'en fait sentir.

Fig. 72. — Pomme de terre Imperator.

Le buttage ne paraît pas avoir d'utilité, à moins que la terre soit humide ou trop peu profonde. On ne cultive la pomme de terre qu'en billons dans certains pays.

186. **Récolte.** — L'époque de la récolte change suivant les pays et les variétés cultivées. Elle se fait surtout pendant les mois de septembre et d'octobre.

Les rendements sont fort variables, suivant les pays et la richesse des terrains. On obtient de 25,000 à 30,000 kilogrammes et exceptionnellement 40,000 kilogrammes à l'hectare.

Fig. 73. — Merveille d'Amérique.

L'hectolitre de pommes de terre pèse de 60 à 65 kilogrammes.

187. **Maladies.** — La pomme de terre est sujette à différentes maladies qui diminuent le rendement de cette culture.

Frisolée. — L'une de ces maladies, connue sous le nom de *frisolée*, se manifeste par l'arrêt du développement des tiges et des feuilles. Ces organes sont en outre recouverts de taches jaunâtres qui brunissent peu à peu ; les feuilles se recroquevillent sur les tiges. La frisolée ne paraît pas contagieuse; elle diminue le produit de plus de moitié sur les points où elle se développe.

Peronospora infestans. — La maladie proprement dite des pommes de terre est occasionnée par l'invasion d'un champignon, le *peronospora infestans* ou *phytophtora infestans.* A l'encontre de la *frisolée* qui attaque les pousses dès leur apparition, le *peronospora* n'apparaît jamais avant les derniers jours de juin. Cette maladie se manifeste d'abord par des taches livides à la partie inférieure des feuilles; celles-ci sont peu à peu envahies par le champignon, qui les dessèche presque complètement. La substance des feuilles et des tiges est alors pénétrée jusque dans ses profondeurs par le champignon parasite qui émet de nombreux petits rameaux, dont chaque fragment peut propager la maladie en tombant sur une feuille ou sur un tubercule.

Les tubercules atteints par le *peronospora* ne tardent pas à entrer en décomposition; ils développent une odeur nauséabonde.

On recommande l'emploi d'une dissolution de sulfate de cuivre contre cette maladie[1].

Fig. 74. Doryphora.

Doryphora. — Un insecte, le *doryphora*, attaque la pomme de terre. Cet animal a 10 à 12 millimètres de longueur et 7 à 8 millimètres de largeur; il est de couleur jaune blanchâtre. Ses larves s'attaquent aux feuilles de la pomme de terre qu'elles consomment avec avidité.

On détruit le doryphora en saupoudrant les tiges et les feuilles de la pomme de terre avec de l'ar-

1. *Formule d'une solution cuprique à employer contre le peronospora.* Faire dissoudre 6 kilogrammes de sulfate de cuivre dans 100 litres d'eau. Eteindre séparément 8 kilogrammes de chaux dans 15 litres d'eau et mélanger les deux liquides en versant le lait de chaux dans la solution cuprique. Répandre au pulvérisateur.

séniate de cuivre additionné de plâtre en poudre. On peut aussi employer le sulfocarbonate de potasse.

Composition chimique moyenne des pommes de terre relativement aux principes fertilisants enlevés au sol :

Azote	0,32 %
Acide phosphorique	0,18
Potasse	0,56
Chaux	0,02
Autres matières	98,92
TOTAL	100,00

188. **Conservation des tubercules.** — Les pommes de terre peuvent être conservées de plusieurs façons; mais quels que soient les locaux employés à cet effet, on devra les soustraire à l'action de la lumière. Il est en effet nécessaire d'éviter l'influence prolongée de la lumière qui favorise le développement d'un principe vénéneux à saveur âcre; les tubercules colorés en vert doivent être rejetés de la consommation, car ils peuvent occasionner des empoisonnements.

Les pommes de terre peuvent être conservées très avantageusement dans des silos; on se contente généralement de les déposer dans des caves ou dans des celliers. Les locaux les plus froids et les plus aérés sont les meilleurs. Au moment des grands froids, il est nécessaire de recouvrir les tas de pommes de terre avec de la paille.

189. **Fécule.** — Les pommes de terre sont utilisées dans l'industrie pour l'obtention de la fécule. Pour cela, elles sont soumises à différentes opérations qui ont pour but de les diviser en particules très ténues, de manière à pouvoir séparer la fécule des matières pulpeuses qui l'entourent.

Les tubercules de bonne qualité contiennent environ 20 % de fécule.

Les variétés employées dans la féculerie sont les suivantes : Chardon, Patraque jaune, Rohan, Chave d'Ecosse et Segonzac, etc.

CHAPITRE XIII

Plantes fourragères (*suite*). — Plantes fourragères sarclées (*fin*).

BETTERAVES FOURRAGÈRES (Chénépodées).

190. **Variétés.** — Les principales variétés de betteraves fourragères sont les suivantes :

1° La *betterave disette* ou *betterave champêtre*, à racine volumineuse, dont la longueur atteint 0m50 à 0m60 et le diamètre 0m15 à 0m20. La chair est blanche ou veinée de rose.

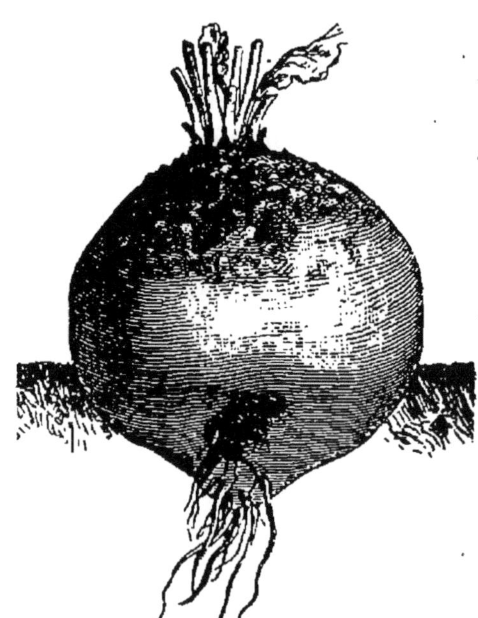

Fig. 75. Betterave jaune globe.

2° La *betterave jaune globe*, presque sphérique avec une chair blanche et ferme. (La betterave jaune ovoïde des Barres est une betterave jaune globe améliorée.)

3° La *betterave jaune grosse*, à racine cylindrique et chair jaune pâle.

4° La *betterave rouge ovoïde*, à racine assez effilée, atteignant une longueur de 0m30 à 0m35 et un diamètre de 0m15 à 0m18. La chair est blanche. Cette variété est assez répandue.

5° La *betterave rouge globe* qui se distingue de la précédente par la forme sphérique de sa racine.

191. **Sol.** — La betterave vient bien en sol profond, bien meuble et fertile. Elle redoute les sols humides.

Pour préparer le terrain, on donne un ou deux labours pendant l'hiver. Au printemps, on fume le terrain et on laboure de nouveau pour enterrer le fumier. Après cela, on herse et on sème.

192. **Semailles.** — Les semailles peuvent être faites de deux façons : en place ou en pépinière; le premier procédé est le plus employé.

On fait le semis en mars. Quand on sème en place directement, on sème sur billons ou à plat.

Le repiquage des betteraves semées en pépinière se fait lorsqu'elles ont atteint la grosseur du petit doigt.

Fig. 76.
Betterave disette corne de bœuf.

193. **Entretien.** — Quand les jeunes plantes sont bien apparentes, on bine et on sarcle suivant les besoins. On renouvelle ces opérations deux ou trois fois, s'il est nécessaire. Lors du premier binage, on doit éclaircir les betteraves de façon à les espacer de 0^m30 environ. Il ne faut jamais effeuiller les betteraves au cours de leur végétation; le fourrage obtenu ainsi est de qualité très inférieure; en outre, l'effeuillage empêche les racines de se développer.

194. **Récolte.** — Les betteraves s'arrachent pendant

le courant d'octobre. On les conserve pendant l'hiver en les mettant dans des silos en terre ou dans les bâtiments de la ferme.

Le rendement des betteraves fourragères varie entre 30,000 et 60,000 kilogrammes par hectare. Si les circonstances climatériques sont défavorables, le rendement peut descendre à 20,000 kilogrammes.

On peut compter sur un rendement moyen de 35,000 à 40,000 kilogrammes, dans les bonnes cultures.

Les betteraves servent à l'alimentation des bêtes bovines, ovines et porcines. On s'en trouve très bien pour la nourriture des vaches laitières et des brebis.

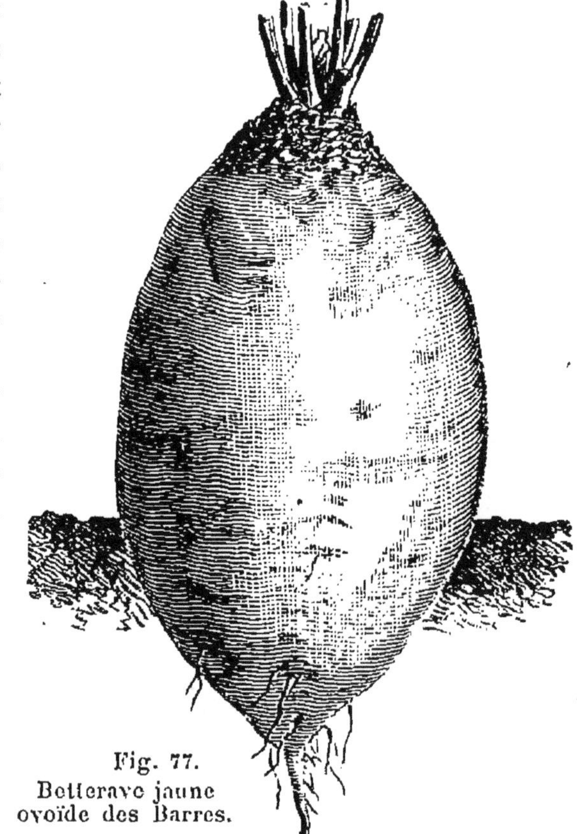

Fig. 77.
Betterave jaune ovoïde des Barres.

A l'état normal, les betteraves fourragères renferment de 75 à 90 % d'eau.

Composition chimique moyenne des betteraves fourragères au point de vue des éléments fertilisants enlevés au sol :

Azote	0,18 %
Acide phosphorique	0.08
Potasse	0.43
Chaux	0,04
Autres matières	99,27
TOTAL	100,00

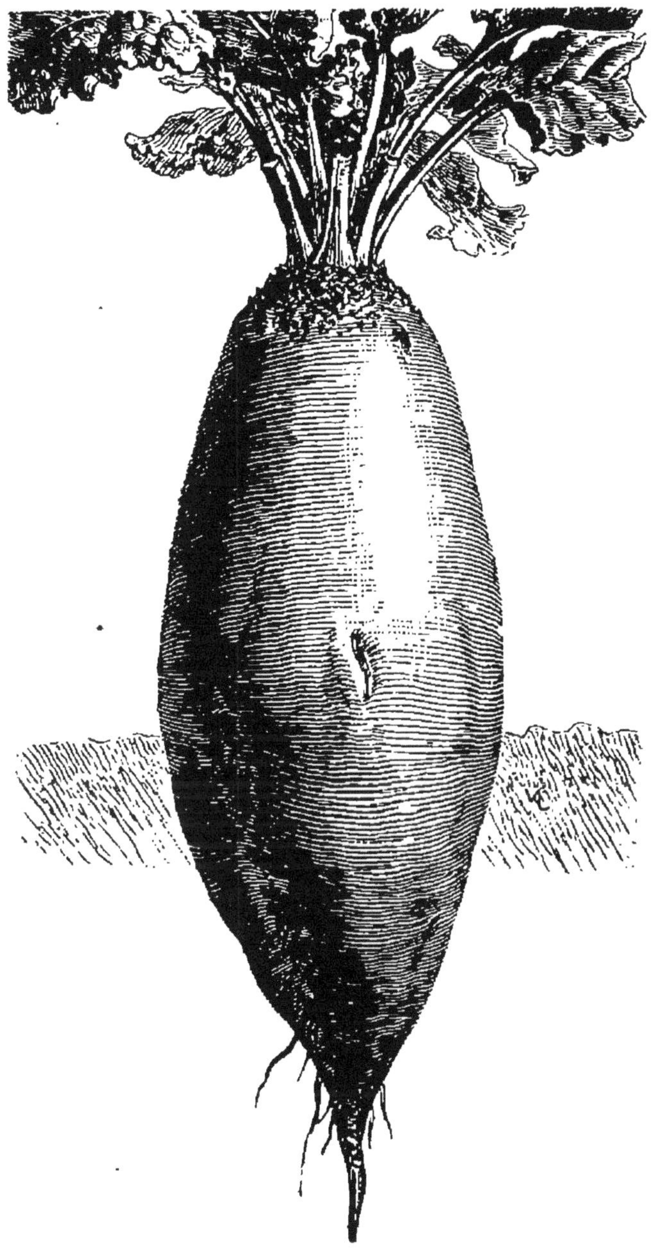

Fig. 78. — Betterave rouge ovoïde.

NAVETS (Crucifères).

195. **Variétés.** — Les variétés auxquelles on peut avoir recours sont très nombreuses. Elles se différencient par la forme des racines et par la coloration des collets. Toutes les variétés de navets peuvent être divisées en deux groupes : 1° le groupe des *navets longs;* 2° le groupe des *navets plats.*

Les premiers exigent des sols profonds; les seconds sont mieux appropriés aux sols superficiels.

196. **Sol.** — Les navets veulent un sol meuble, ni trop sec, ni trop humide. On peut les cultiver en récolte principale ou en récolte dérobée. Les sols argileux, compacts, froids ne leur conviennent pas.

197. **Semis.** — On sème les navets en lignes ou à la volée, à raison de 4 kilogrammes de graines à l'hectare. Si l'on sème en lignes, on espace les rangs de 0m40. C'est la méthode employée pour une culture principale, car on sème généralement à la volée pour une culture dérobée.

L'ensemencement a lieu, suivant les localités, du commencement de juin à la fin de juillet. On peut aussi semer pendant tout le mois d'août.

Les altises ou puces de terre sont souvent à craindre dans les cultures de navets, de même que dans les cultures des autres crucifères. On les combat en répandant de la cendre sur les navets.

198. **Entretien.** — Quand les navets ont cinq ou six feuilles, on leur donne un binage s'ils sont semés en lignes, ou un hersage léger s'ils sont semés à la volée. On donne plus tard les soins que comporte l'état du sol.

199. **Récolte.** — Les navets semés en juin et juillet sont bons à récolter au mois de novembre.

Les navets doivent être consommés par les animaux avant les betteraves, car ils se conservent assez difficilement. Ils peuvent être laissés au dehors sous abri, en attendant leur utilisation dans l'alimentation des animaux de la ferme. Par les hivers rigoureux, on peut conserver

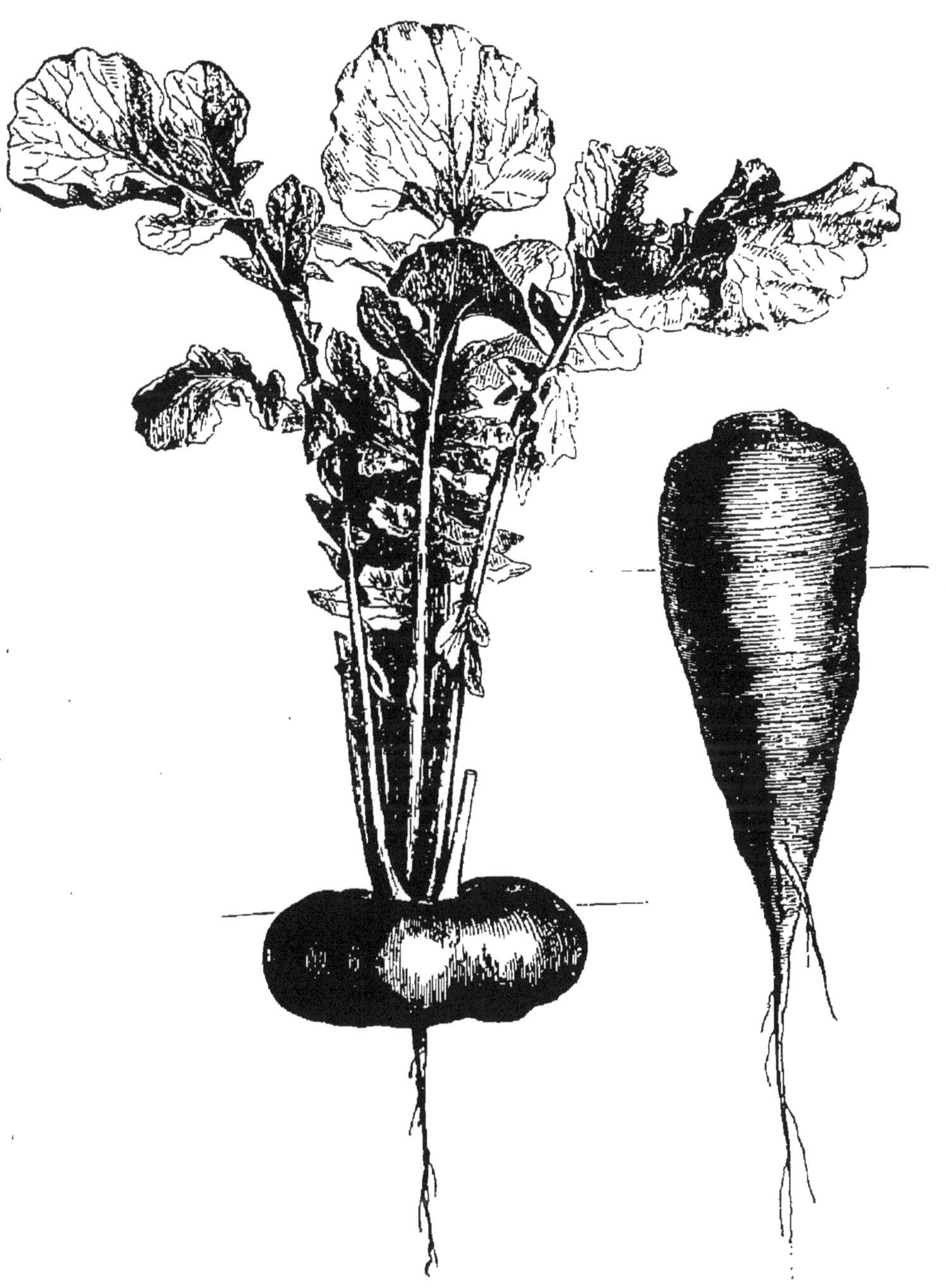

Fig. 79. — Navets

les navets de la manière suivante : On ouvre le sol par un trait de charrue et on place les navets dans le sillon; il suffit ensuite de les recouvrir par un autre trait de charrue pour qu'ils puissent se conserver. En silo, les navets se conservent mal.

Le rendement des navets varie beaucoup suivant la nature du sol et la variété cultivée.

Dans les bonnes cultures, on peut espérer un rendement de 20,000 à 30,000 kilogrammes par hectare.

Composition chimique moyenne des navets relativement aux principes fertilisants enlevés au sol :

Azote	0,18 %
Acide phosphorique	0,10
Potasse	0,30
Chaux	0,08
Autres matières	99,34
TOTAL	100,00

RUTABAGAS (Crucifères).

200. Les rutabagas ou choux-navets sont des plantes fourragères très rustiques qui réussissent particulièrement bien dans les sols frais et sous les climats humides. Cette culture convient surtout aux climats marins. En Bretagne, où la culture des rutabagas est très répandue, ces plantes donnent des produits très abondants.

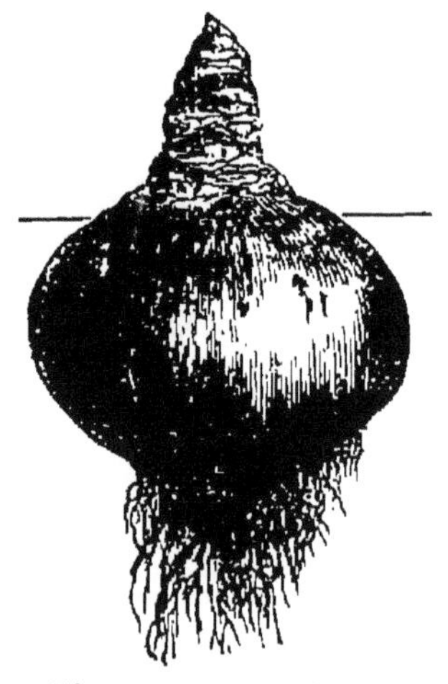

Fig. 80. — Rutabaga.

201. **Semailles. Récolte.** — Les rutabagas se sèment d'avril en juin à la volée ou en lignes espacées de 0^m35 à 0^m40. Après la levée des graines, on opère des éclaircissages, de manière à laisser entre les pieds un intervalle de 0^m40.

La récolte se fait en novembre. Les rutabagas ne craignent pas la gelée et se conservent aisément en silos.

Le rendement moyen d'un hectare de rutabagas est de 20,000 à 25,000 kilogrammes.

CAROTTES (Ombellifères).

202. La carotte est utilisée en culture fourragère et potagère. La culture fourragère se sert de préférence des carottes dont les racines acquièrent un fort volume. Les variétés employées sont presque sans exception de couleur blanche.

203. **Variétés.** — Les variétés les plus cultivées sont : la *carotte blanche à collet vert;* la *carotte blanche d'Orthe* et la *carotte blanche des Vosges.*

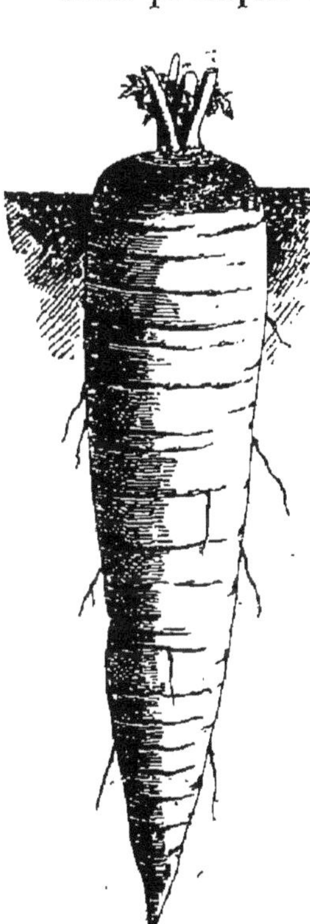

Fig. 81. — Carotte blanche d'Orthe.

204. **Semailles.** — Le sol doit être préparé de la même façon que pour la betterave.

La graine de carottes de deux ans est préférable à la graine d'un an. Les semis se font en mars et avril, en lignes espacées de $0^{m}50$ ou sur billons. On emploie 2 kilogrammes de graines environ par hectare.

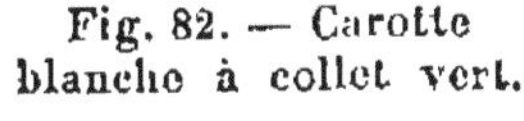

Fig. 82. — Carotte blanche à collet vert.

Le sol doit être très meuble au moment du semis; on roule par-dessus pour tasser la terre et pour recouvrir les graines.

205. **Entretien.** — Dès que le plant est bien levé

et que les lignes commencent à être visibles, on donne un premier binage destiné à enlever les mauvaises herbes qui croissent entre les lignes. Plus tard quand les jeunes plants ont quatre ou cinq feuilles, on donne un second binage dont le but principal est d'éclaircir les plants de manière à laisser entre eux une distance d'environ 0m20. C'est ce que l'on appelle faire le *démariage* ou le *dédoublage*.

Fig. 83. — Carotte des Vosges.

206. **Récolte.** — La récolte se fait en octobre et novembre. On peut obtenir un rendement de 25,000 à 30,000 kilogrammes à l'hectare.

Les carottes servent surtout à l'alimentation des chevaux.

PANAIS (Ombellifères).

207. **Variétés.** — Le panais est une plante bisannuelle. Cette plante n'a produit que peu de variétés. On en distingue deux principales : 1° le *panais long de Guernesey*, dont la racine est trois ou quatre fois plus longue que large ; 2° le *panais rond*, à racine renflée et marquée de sillons longitudinaux.

Le panais long de Guernesey est employé surtout dans la culture fourragère, tandis que le panais rond est presque exclusivement employé dans la culture potagère.

208. **Sol.** — Les panais sont des plantes peu exigeantes sur la nature du terrain, pourvu que le sol soit meuble et abondamment fumé.

209. **Semis.** — Les semis se font de mars en avril, avec des graines de l'année. On sème en lignes espacées de 0m40, à la dose de 4 kilogrammes de graines à l'hectare.

Lorsque les plants ont atteint une hauteur de 0m05 à

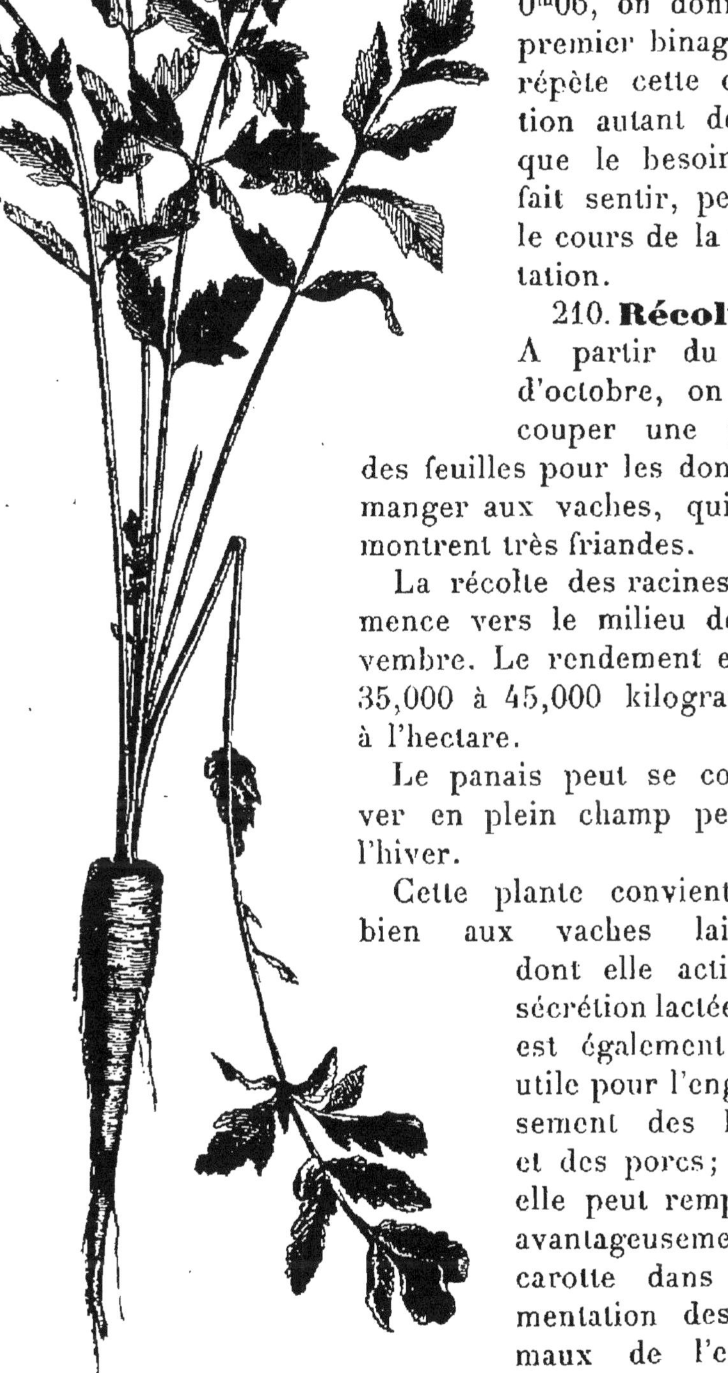

Fig. 84. — Panais.

0m06, on donne un premier binage; on répète cette opération autant de fois que le besoin s'en fait sentir, pendant le cours de la végétation.

210. **Récolte.** — A partir du mois d'octobre, on peut couper une partie des feuilles pour les donner à manger aux vaches, qui s'en montrent très friandes.

La récolte des racines commence vers le milieu de novembre. Le rendement est de 35,000 à 45,000 kilogrammes à l'hectare.

Le panais peut se conserver en plein champ pendant l'hiver.

Cette plante convient très bien aux vaches laitières dont elle active la sécrétion lactée; elle est également très utile pour l'engraissement des bœufs et des porcs; enfin elle peut remplacer avantageusement la carotte dans l'alimentation des animaux de l'espèce chevaline.

CÉRÉALES FAUCHÉES EN VERT

211. La plupart de nos céréales peuvent être utilisées comme fourrage vert pour la nourriture du bétail. Les plus importantes sont à ce point de vue : le maïs, le seigle, l'orge, l'avoine, le sorgho et le moha de Hongrie.

Le maïs-fourrage se sème depuis le commencement du printemps jusqu'au milieu de l'été. Les grands maïs américains doivent être cultivés de préférence aux maïs français, car leur rendement est d'au moins un tiers plus considérable. On peut obtenir avec eux 80,000 à 100,000 kilogrammes de fourrage vert à l'hectare.

Le seigle peut être récolté en vert dans la seconde quinzaine d'avril; c'est un fourrage très précieux à cause de sa précocité. Il peut donner 25,000 à 30,000 kilogrammes de fourrage vert à l'hectare.

L'orge et l'avoine sont moins précoces que le seigle ; on doit les couper avant l'épiaison. Elles peuvent fournir de 20 à 25,000 kilogrammes de fourrage vert à l'hectare.

Le sorgho et le moha de Hongrie fournissent également de très bon fourrage vert. Ces deux plantes se sèment depuis le commencement du printemps jusque vers le milieu de l'été; elles peuvent donner de 30,000 à 40,000 kilogrammes de fourrage vert à l'hectare.

Le cultivateur peut nourrir ses animaux avec des fourrages verts pendant toute l'année. Voici, à titre d'exemple, une série de plantes qui peuvent être données à l'étable :

De janvier en avril et mai, choux fourragers; puis, successivement, seigle en vert, trèfle incarnat, vesce d'hiver et de printemps, maïs-fourrage, betteraves, carottes, panais, rutabagas, navets, etc.

AJONC

212. L'ajonc est une plante de la famille des légumineuses qui fournit dans nos départements de l'Ouest et du Sud-Ouest un appoint précieux pour l'alimentation du bétail.

L'ajonc se sème au printemps dans une céréale, à raison de 10 à 15 kilogrammes de graines à l'hectare.

En novembre ou décembre suivant, on fauche les tiges, de façon à provoquer la sortie de nombreux bourgeons.

A l'entrée du second hiver qui suit le semis, on fauche de nouveau l'ajonc et on obtient à ce moment un rendement qui peut atteindre 18,000 à 20,000 kilogrammes de fourrage vert à l'hectare.

Avant d'être donné au bétail, l'ajonc doit être écrasé à l'aide d'un pilon ou d'une machine spéciale dite *broyeur d'ajonc*.

CONSOUDE (Borraginées).

213. La consoude à feuilles rudes peut produire un fourrage vert abondant, mais de médiocre qualité. Les vaches laitières et les porcs la consomment assez bien.

La consoude se multiplie par graines et par éclats de pieds. Elle peut donner cinq à six coupes par année. C'est, au demeurant, un fourrage peu recommandable.

PERSICAIRE DE SAKHALIN (Polygonées).

214. La persicaire ou renouée de Sakhalin est une plante dont on a préconisé tout récemment l'emploi comme plante fourragère.

Cette plante aurait, dit-on, l'avantage de résister aux plus grands froids et aux plus grandes sécheresses. On peut la multiplier par semis ou au moyen de rhizomes pourvus de racines. Le rendement en fourrage vert peut s'élever à 200,000 kilogrammes par hectare. Ce rendement se répartit sur trois ou quatre coupes. Si les essais tentés réussissent, la persicaire rendra de grands services à l'agriculture.

CHAPITRE XIV

Ensilage

215. On désigne sous le nom *d'ensilage* une opération qui a pour but d'assurer la parfaite conservation de denrées agricoles, que l'on accumule dans des espaces clos appelés *silos*. Les matières que l'on peut avoir à ensiler sont les racines, les tubercules, les fourrages verts et les pulpes de sucrerie ou de distillerie.

216. **Ensilage des racines et tubercules.** — Pour l'ensilage des racines et tubercules, on emploie deux sortes de silos : 1° les silos permanents ; 2° les silos temporaires.

Les *silos permanents* se composent d'excavations creusées en terre et disposées de façon à soustraire à l'action du froid et de l'humidité les racines qu'on empile à l'intérieur.

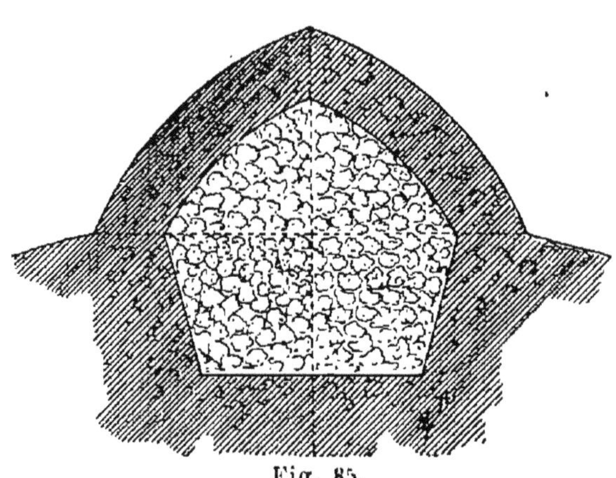

Fig. 85.
Silo permanent pour racines.

On recouvre les racines avec la terre extraite de l'excavation ou avec des chaumes de céréales. De place en place, on ménage des ouvertures pour faciliter l'aération du tas.

Les *silos temporaires* doivent être établis sur un sol sain, soit dans les champs, soit près des bâtiments de la ferme.

On empile les racines de façon que la section du tas soit triangulaire ou trapézoïdale. Le collet des betteraves ou des autres racines fourragères doit être dirigé extérieurement, sur tout le pourtour du tas.

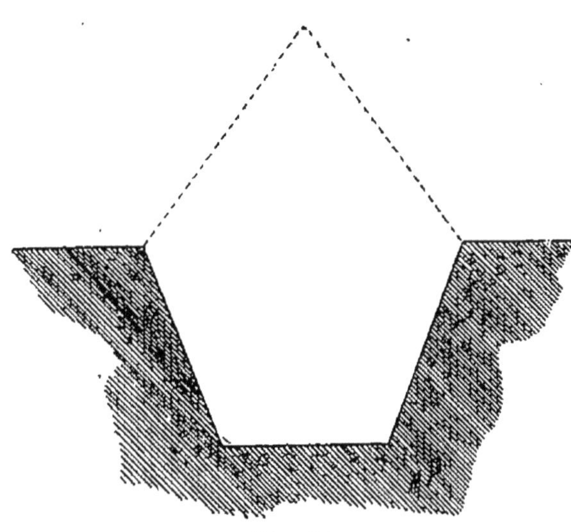

Fig. 86.
Coupe d'un silo permanent.

Pour recouvrir les racines, on creuse un fossé de chaque côté du tas et la terre extraite est employée à cet effet. Il est toujours bon d'interposer une couche de paille entre la terre et les racines; lorsqu'on prend cette précaution, celles-ci sont toujours

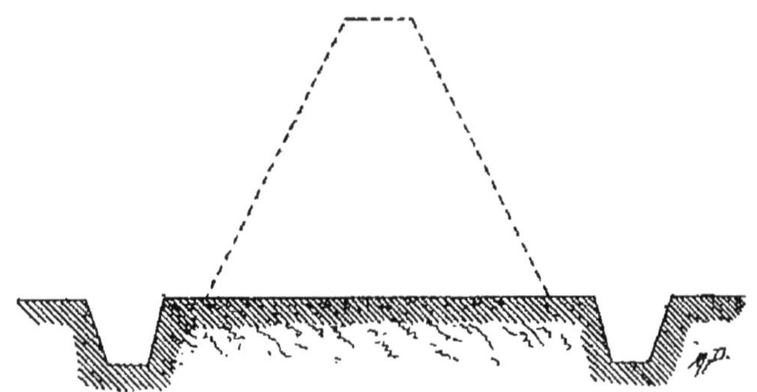

Fig. 87.
Coupe d'un silo temporaire.

plus propres. Comme pour les silos permanents, on doit ménager des ouvertures pour faciliter l'aération du tas. Ces ouvertures ou *cheminées d'appel* doivent être ménagées tous les trois ou quatre mètres. Elles sont formées le plus souvent par trois ou quatre planchettes de bois assemblées. On peut aussi se servir de fagots placés verticalement à l'intérieur du tas.

217. **Ensilage des fourrages verts.** — L'ensilage des fourrages verts n'a été employé qu'à une date relativement récente. On en connaît divers procédés qui sont : 1° *l'ensilage dans des silos en terre en excavation;* 2° *l'ensilage dans des silos en terre superficiels;* 3° *l'ensilage dans des silos maçonnés avec ou sans toiture;* 4° *l'ensilage à l'air libre.*

Silos en terre, en excavation (fig. 88). — Les silos en excavation se composent d'une fosse A B C D, dans laquelle on accumule le fourrage vert (maïs, trèfle incarnat, etc.) en le couchant horizontalement suivant la longueur du silo. Quand le niveau du sol est atteint, on diminue peu à peu la largeur des couches, de façon que la partie supérieure du tas présente une section triangulaire, A B F.

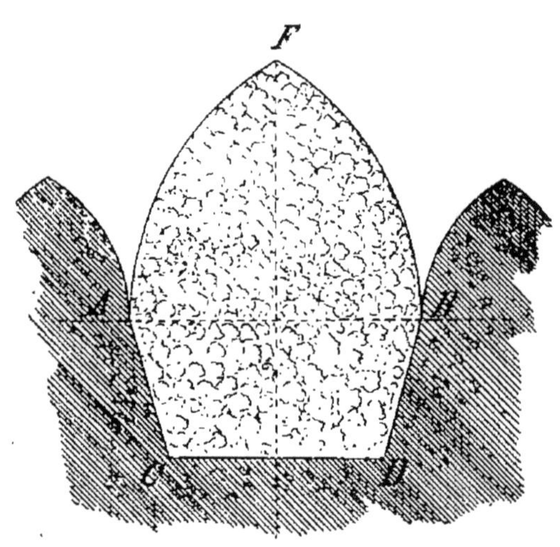

Fig. 88.

On laisse le tassement naturel s'opérer pendant un ou deux jours et on rejette ensuite la terre de l'excavation sur la masse verte.

Cette terre doit être bien piétinée, surtout aux points A et B, où les altérations se produisent le plus souvent. Il se produit un affaissement considérable par suite du tassement; il faut surveiller la couverture avec soin, pendant que le tas s'affaisse et, si des crevasses se forment, on doit les boucher sans retard.

On doit séparer le fourrage de la terre à l'aide d'une couche de paille.

Silos superficiels (fig. 89). — Cet ensilage se pratique dans les terrains humides.

On place le fourrage à conserver sur une aire AB préalablement battue. Pendant le montage du tas, on diminue peu à peu la largeur des couches de manière à obtenir une section trapézoïdale.

On recouvre ensuite le tas avec de la terre que l'on extrait de deux fosses latérales C et D. Pendant le tassement, il ne faut pas négliger de boucher les crevasses qui se forment.

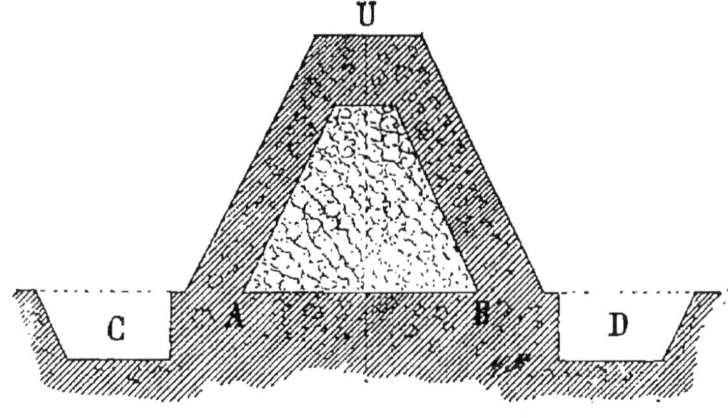

Fig. 89.

Silos maçonnés. — Les silos maçonnés se font avec toiture ou sans toiture; ils peuvent être excavés ou superficiels. Dans l'un et l'autre cas, ces constructions se composent de quatre murs entre lesquels on dépose le fourrage à conserver.

Les murs peuvent avoir une légère pente, de manière que le silo présente la plus grande largeur à la partie supérieure; le tassement obtenu est ainsi plus considérable. On recouvre le fourrage ensilé avec de la terre ou avec d'autres matériaux.

Silos à air libre. — Les silos à air libre consistent en des surfaces planes sur lesquelles on entasse le fourrage à conserver, de manière à former un tas à parois bien verticales. On charge ensuite le silo à la partie supérieure, à raison de 1,000 à 1,500 kilogrammes par mètre carré.

Ce procédé donne un peu plus de déchet que les autres, mais il est beaucoup moins coûteux.

218. **De l'état des plantes au moment de l'ensilage.** — Les plantes doivent être ensilées aussi fraîches que possible ; le plus léger fanage est préjudiciable à leur bonne conservation. L'époque la plus favorable pour couper les fourrages que l'on veut ensiler est celle à laquelle les végétaux commencent à fleurir.

A ce moment, on obtient la plus grande masse de matières utilisables pour l'alimentation.

219. **Résultats de l'ensilage.** — L'ensilage fait éprouver aux fourrages des modifications physiques et chimiques.

Les modifications physiques portent sur la coloration, le goût, l'odeur, le volume et le degré de consistance des fourrages.

Les fourrages brunissent par l'ensilage, mais la coloration change d'autant moins que l'opération est mieux faite. Le goût et l'odeur sont choses très variables. Le volume diminue toujours considérablement. Enfin le degré de consistance s'abaisse et les fourrages sont plus tendres.

Les modifications de nature chimique, qui s'opèrent au sein des masses ensilées, sont encore peu connues. Il a été reconnu cependant que l'ensilage avait pour effet de rendre les aliments plus assimilables et qu'il leur donnait une valeur alimentaire plus élevée.

Il serait donc à désirer que la pratique de l'ensilage pénétrât de plus en plus en plus dans les habitudes des cultivateurs.

CHAPITRE XV

Plantes industrielles.

220. Les plantes industrielles sont celles qui fournissent les matières premières nécessaires aux industries manufacturières. Elles peuvent être classées en sept groupes :

1° Plantes oléagineuses ;
2° Plantes textiles ;
3° Plantes tinctoriales ;
4° Plantes aromatiques ;
5° Plantes médicinales et condimentaires ;
6° Plantes à carde ;
7° Plantes à sucre.

On peut rattacher à la culture des plantes industrielles la culture du mûrier.

Plantes oléagineuses.

221. On donne le nom de *plantes oléagineuses* aux plantes qu'on cultive en vue d'obtenir l'huile extraite de leurs fruits ou de leurs graines.

Ces plantes sont utiles à différents points de vue, car les produits qu'on en retire servent à l'alimentation de l'homme, à l'éclairage des habitations et à la fabrication des savons.

Les principales plantes oléagineuses sont : le *colza*, la *navette*, la *cameline*, le *pavot* ou *œillette*, l'*olivier* et le *noyer*.

COLZA (Crucifères).

222. Le colza appartient à la famille des crucifères. Cette plante est cultivée en France sur de grandes surfaces, dans les régions du Nord-Ouest, de l'Ouest et du Nord-Est.

223. **Variétés.** — Le colza est la variété de chou qui se rapproche le plus du type sauvage de cette plante.

On en cultive deux variétés : le *colza d'hiver* et le *colza de mars* ou *de printemps*.

224. **Sol.** — Les sols de consistance moyenne conviennent au colza ; il redoute les terres humides où l'eau séjourne, car dans ces sortes de terrain il est exposé à geler l'hiver. On le cultive avec succès sur les landes et sur les bois défrichés. Cette plante est exigeante ; c'est pourquoi on lui destine ordinairement des terrains de bonne qualité ou fortement fumés.

Un labour profond à la charrue suivi de hersages suffit pour préparer le sol qu'on destine au colza.

Fig. 90. — Colza.

225. **Semis.** — Les semis se font *en pépinière* ou en *place* et, pour l'une quelconque de ces deux méthodes, à la volée ou en lignes. Quand on sème le colza *à la volée*, on met environ 8 litres de semences par hectare. Les sarclages peuvent difficilement être donnés par cette méthode ; aussi l'emploie-t-on fort peu.

Le colza d'hiver se sème à la volée au commencement d'août, quand on croit que le temps est à l'eau. Une pluie légère fait immédiatement lever la graine et pousser rapidement le jeune plant : l'altise ou puce de terre n'a alors aucune prise sur le colza.

Les semis en lignes se font à la même époque que les semis à la volée. Ils se font au semoir, dont les socs doivent à cet effet être espacés de 0m60 environ, pour permettre les sarclages à la houe à cheval. On emploie 5 litres de semences par hectare. Quand le plant a 4 ou 5 feuilles, il faut l'éclaircir pour l'empêcher de s'étioler. On le sarcle également avant l'hiver.

Les semis de colza de printemps se font au printemps, dès que les gelées ne sont plus à craindre.

226. **Transplantation.** — Si l'on sème le colza en pépinière, il faut compter un hectare de pépinière pour cinq hectares à planter.

Le terrain destiné à la pépinière doit être bien préparé et surtout bien fumé. On sème à raison de 8 litres à l'hectare, au mois de juillet, pour repiquer du 15 septembre au 15 octobre. Si la sécheresse est grande en juillet, on sème seulement après la pluie.

On doit faire avec précaution l'arrachage du plant pour la transplantation, afin de ne pas briser les racines. La plantation se fait à la charrue ou au plantoir.

227. **Entretien.** — Il faut sarcler et biner deux fois au printemps. On opère avec la houe à cheval entre les lignes et à la main dans les lignes.

228. **Récolte.** — Le colza fleurit au commencement de mai. La graine mûrit vers la fin de juin ou au commencement de juillet. Le colza est mûr quand les siliques ou enveloppes des graines sont jaunâtres et légèrement transparentes.

On coupe les tiges avec une faucille et on les dépose avec soin sur le sol. Pour ne pas perdre de graines, il vaut mieux couper le colza un peu vert et achever sa dessiccation en le mettant en *meulons*. On place les tiges de façon que le sommet regarde le centre du meulon et que le pied soit tourné vers la circonférence. A mesure que le meulon s'élève, on croise un peu les tiges les unes sur les autres vers le milieu du tas. Quand ce tas a atteint 2 mètres environ de hauteur, on l'assujettit par un lien au sommet, si l'on craint les coups de vent.

229. **Battage.** — On bat le colza dans le champ sur de grandes toiles où il est apporté à l'aide de *civières* ou *comportes* garnies de toile. Le battage se fait avec des fléaux légers : on crible ensuite, pour séparer la graine des siliques. La graine de colza est portée au grenier après criblage et, dès qu'elle est parfaitement sèche, on la passe au *tarare ventilateur*. Il faut avoir soin de la remuer tous les jours d'abord et moins souvent ensuite, pour l'empêcher de s'échauffer au grenier.

Le rendement moyen du colza est de 20 à 25 hectolitres de graines par hectare. On obtient en outre 2,800 à 3,000 kilogrammes de tiges et 200 hectolitres de siliques.

L'hectolitre de graine de colza pèse de 66 à 70 kilos.

La graine de colza est employée dans l'industrie à la fabrication de l'huile. Un hectolitre de graines fournit de 24 à 26 kilogrammes d'huile. Cette huile est employée dans l'alimentation, à l'éclairage, à la fabrication du savon noir, à l'apprêt des cuirs, etc.

Le résidu solide, provenant de la fabrication de l'huile et connu sous le nom de *tourteau*, est utilisé comme engrais. Il contient environ 5 % d'azote, 2 % d'acide phosphorique et 1,5 % de potasse. On peut aussi l'utiliser pour l'alimentation des animaux.

Le tourteau de colza se vend de 12 à 15 francs les 100 kilogrammes.

Composition chimique des graines et pailles de colza, relativement aux principes fertilisants enlevés au sol :

Graines	Azote	3,10 %
	Acide phosphorique	1,64
	Potasse	0,88
	Chaux	0,52
	Autres matières	93,86
	TOTAL	100,00

Pailles. . . .	Azote	0,30 %
	Acide phosphorique.	0,27
	Potasse	0,97
	Chaux.	1,01
	Autres matières.	97,45
	Total.	100,00

NAVETTE (Crucifères).

230. La navette est moins répandue que le colza, dont elle se distingue par ses feuilles hérissées de poils rudes. Les graines sont plus petites et moins abondantes que celles du colza.

Fig. 91. — Navette.

231. **Variétés.** — On cultive deux variétés de navette : la *navette d'hiver* et la *navette d'été* ou *quarantaine*.

La navette d'hiver se sème à la fin d'août et pendant tout le mois de septembre. La navette d'été se sème dès que les gelées ne sont plus à craindre, c'est-à-dire aux premiers jours de mai. On peut en semer jusqu'au mois de juillet.

232. **Sol.** — La navette vient bien sous les climats secs; les sols argilo-calcaires sont ceux qui lui conviennent le mieux. Cette plante se sème dans les terrains trop pauvres pour le colza; elle a aussi l'avantage de pouvoir être semée plus tard et de laisser plus de temps pour préparer le sol.

233. **Semis.** — Les semis se font indifféremment à la volée ou en lignes, mais les semis en lignes sont cependant ceux qui donnent les meilleurs résultats.

La navette ne se transplante jamais et exige la même

culture que le colza. Le semis exige de 6 à 7 litres de graines à l'hectare.

234. **Récolte.** — La récolte de la navette d'hiver a généralement lieu en juin; celle de la navette d'été se fait quelque temps plus tard, en août ou septembre.

L'opportunité de la récolte est indiquée par le dessèchement des feuilles, le jaunissement des tiges et des siliques inférieures. Une récolte prématurée fournit des graines rougeâtres, peu estimées et peu riches en huile.

On coupe les tiges à la faucille ou à la faux; quelquefois on les arrache. Quel que soit le procédé adopté, on réunit les tiges en javelles et on les dispose en lignes orientées de telle sorte que le pied de la plante soit du côté des vents dominants.

Quand la récolte est bien sèche, on bat sur le champ comme pour le colza. On laisse les graines mélangées à une portion des siliques et l'on ne fait la séparation qu'au moment de la vente, par un coup de *tarare*.

Le rendement de la navette est de 15 à 20 hectolitres environ à l'hectare. La graine de navette pèse de 65 à 70 kilogrammes l'hectolitre. Un hectolitre de graines peut donner 22 à 23 kilogrammes d'huile. Cette huile est employée aux mêmes usages que celle de colza ; elle est un peu plus épaisse.

Le rendement en tiges est de 1,500 à 1,800 kilogrammes par hectare. Ces tiges peuvent être employées comme litière. On obtient également 150 hectolitres de siliques environ; celles-ci sont utilisées dans l'alimentation du bétail, en mélange avec des carottes ou des betteraves.

CAMELINE (Crucifères).

235. La cameline est quelquefois désignée sous le nom de *camomille*, *camomène* ou *cabai*. On la cultive surtout dans la région septentrionale de la France et principalement en Flandre, en Artois, en Picardie et en Champagne.

236. **Sol.** — La cameline n'est pas difficile sur la qualité du terrain. Elle réussit bien dans les terres légères

où les autres plantes oléagineuses ne viendraient pas; elle végète mal sur les terres très compactes.

Cette plante résiste à la sécheresse et ne craint pas les attaques des insectes.

237. **Semis.** — La cameline se sème à la fin d'avril ou de mai, sur une terre bien ameublie. On la sème généralement à la volée, mais il est certain qu'elle réussirait mieux si on la semait en lignes.

Fig. 92. — Cameline.

On emploie de 6 à 8 litres de semences par hectare.

238. **Entretien.** — Pendant sa végétation, on sarcle la cameline si les plantes nuisibles envahissent le terrain qu'elle occupe.

239. **Récolte.** — La récolte a lieu en août ou septembre, selon l'époque à laquelle les semailles ont été faites. La cameline est coupée quand les tiges présentent une teinte jaunâtre et lorsque les silicules provenant des premières fleurs contiennent des graines mûres. Il ne faut pas attendre que toutes les graines soient arrivées à maturité, car on en perdrait beaucoup par l'égrenage.

Les tiges sont arrachées ou coupées à la faucille, puis déposées en javelles et abandonnées à elles-mêmes pendant quelques jours. On les bat sur le champ ou dans une grange au moyen de fléaux légers ou de gaules flexibles, en ayant soin de ne pas briser les tiges.

La graine, après avoir été nettoyée, est mise dans un

grenier, où l'on doit la remuer une ou deux fois par semaine, de peur qu'elle ne s'échauffe. Elle est de couleur jaune-rougeâtre. Les tiges sont ramassées avec soin et servent, soit à confectionner des balais, soit à couvrir des bâtiments, soit encore comme litière.

Le rendement de la cameline est en moyenne de 15 à 16 hectolitres par hectare; chaque hectolitre de graines pèse de 68 à 70 kilogrammes. On peut compter sur un rendement en tiges de 2,500 à 3,000 kilogrammes par hectare.

La graine fournit en moyenne 28 à 30 kilogrammes d'huile par 100 kilogrammes. Cette huile est utilisée pour l'éclairage et pour la fabrication de certaines peintures.

Le résidu solide de la fabrication de l'huile ou *tourteau* a une couleur rouge-jaunâtre. On peut l'employer comme engrais ou pour l'alimentation des animaux.

PAVOT OU ŒILLETTE (Papavéracées).

240. La culture de l'*œillette* est surtout pratiquée dans les départements du nord de la France. Cependant on rencontre quelquefois dans le Midi des champs entiers couverts de cette plante; elle y réussit très bien, si les étés ne sont pas secs.

241. **Variétés.** — On cultive deux variétés d'œillette : 1° le *pavot œillette ordinaire*, aussi appelé *pavot gris, pavot rouge*, dont les graines sont gris-perle; 2° le *pavot* ou *œillette aveugle* à graines de couleur brune.

242. **Sol.** — Les sols de consistance moyenne conviennent à cette culture; dans les sols humides le pavot ne vient pas bien.

243. **Semailles.** — Le pavot se sème en lignes ou à la volée, pendant le courant de mars. On répand 3 à 4 litres de graines à l'hectare.

Les semis à la volée sont ceux qui sont le plus souvent employés; ils ont l'inconvénient de rendre les binages et les sarclages difficiles.

Les semis en lignes se font à l'aide du semoir; on espace les rangs de 0^m30 à 0^m40.

244. **Entretien.** — On doit sarcler et éclaircir le pavot, une quinzaine de jours après que la plante est sortie de terre. Pendant le cours de sa végétation, on sarcle et on bine suivant les besoins.

Fig. 93. — Pavot ou œillette.

Lorsque le pavot est semé en lignes, il est également bon de le butter; on consolide ainsi les pieds qui résistent bien mieux aux vents.

245. **Récolte.** — A la fin du mois d'août et dans la première quinzaine de septembre, l'œillette est bonne à récolter. On le reconnaît à ce que les premières capsules sont entièrement desséchées.

On arrache les tiges et on les met en bottes qu'on range en faisceaux. Une dizaine de jours après, on bat la graine dans un cuveau, en secouant les têtes contre les parois du récipient dans lequel on opère. Il faut d'abord enlever la couverture qui retient les graines dans leur enveloppe.

On peut obtenir de 15 à 20 hectolitres de graines à l'hectare. Le poids moyen de l'hectolitre est de 60 à 65 kilogrammes.

Les graines d'œillette renferment 40 % d'huile environ. On en retire de 30 à 35 kilogrammes par 100 kilogrammes de graines. Cette huile est désignée sous le nom d'*huile blanche*. Elle est comestible et très employée dans la région du Nord.

Le tourteau d'œillette est un résidu important de la

fabrication de l'huile ; il est estimé pour la nourriture des bœufs et des moutons.

Le rendement en tiges atteint le chiffre de 2,500 à 3,000 kilogrammes par hectare. Ces tiges peuvent être employées comme litière ou pour servir de combustible.

Composition chimique moyenne des graines et pailles de pavot relativement aux principes fertilisants enlevés au sol :

Graines...	Azote	2,81 %
	Acide phosphorique	1,64
	Potasse	0,71
	Chaux	1,85
	Autres matières	92,99
	TOTAL	100,00
Pailles...	Azote	0,33 %
	Acide phosphorique	0,23
	Potasse	2,51
	Chaux	1,99
	Autres matières	94,94
	TOTAL	100,00

246. **Opium.** — Les pavots contiennent un suc laiteux, qui renferme la substance désignée sous le nom d'*opium*. La culture du pavot à opium est simple et facile. Les semis ont lieu, en France, en février ou en mars, et ils sont exécutés en lignes ou à la volée. Pendant la végétation, il faut maintenir le sol net de mauvaises herbes.

La récolte de l'opium se fait dans notre pays en juillet et en août; en Algérie, en mai ou juin. Pour cela, on incise d'abord les capsules, quand la chute des pétales est complète et lorsqu'elles sont encore vertes. Quelques heures après, on recueille le suc laiteux qui s'est exsudé au dehors et on le met dans un vase que chaque travailleur porte attaché à sa ceinture.

Un hectare de pavot produit de 12 à 16 kilogrammes d'opium. Ce produit a une couleur brune, une odeur forte et une saveur amère; il est employé dans la préparation de divers médicaments. En Chine, on le fume, après l'avoir préparé sous la forme de pilules.

CHAPITRE XVI

Plantes industrielles. — Plantes oléagineuses (*fin*).

OLIVIER (Oléacées).

247. L'olivier est un des arbres les plus importants dans la France méridionale ; il y est cultivé pour ses fruits, d'où l'on retire une huile comestible très estimée.

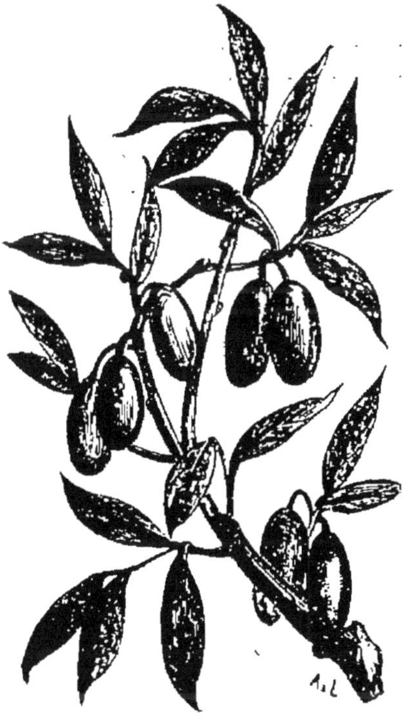

Fig. 94. — Olivier.

248. **Région de l'olivier.** — La présence de l'olivier délimite une région climatérique appelée : « Région de l'olivier. » Cette région a pour principaux caractères une température hivernale qui ne descend que rarement au point où l'arbre pourrait souffrir, c'est-à-dire à — 7 ou — 8 degrés et une température estivale suffisamment élevée. Dans cette région, la neige est presque inconnue; les gelées, fort rares, n'y durent que quelques jours.

249. **Sol.** — L'olivier vient dans la plupart des sols, mais il préfère les terres riches et profondes; on le trouve néanmoins dans les terrains secs et arides, sur les

coteaux rocailleux où presque toutes les autres cultures sont impossibles. Dans nombre de localités, on a créé des plantations d'olivier sur des collines escarpées, en les subdivisant en terrasses.

L'olivier sauvage porte des fruits petits et à gros noyau; on tend à le transformer de plus en plus par la greffe.

250. **Variétés.** — On a obtenu de nombreuses variétés par la culture.

Les principales sont : 1° l'olive de *Lucques*, de couleur bleuâtre, allongée; 2° l'*olive saurin* ou *picholine*, de couleur rougeâtre; 3° l'*olive verdale*; 4° l'*olive olivière*, cultivée surtout pour l'extraction de l'huile.

Fig. 95. — Olives.

L'olivier présente des spécimens remarquables de vétusté et de grosseur; quelques-uns atteignent une circonférence de 1 mètre à 1m50 et plus même. Les oliviers séculaires sont nombreux en France et surtout dans le département des Alpes-Maritimes.

251. **Multiplication de l'olivier.** — L'olivier se multiplie par semis, par bouture ou par greffe. — La multiplication par semis est la moins employée. Les noyaux mettent deux ans à germer, s'ils ne subissent aucune préparation.

M. de Gasparin a indiqué une méthode plus rapide pour la germination. Cette méthode consiste à semer des amandes débarrassées de leur enveloppe. On trempe les graines dans une bouillie composée de bouse de vache et de terre argileuse. Ainsi préparées, on les sème très dru en avril ; les jeunes oliviers ne tardent pas à se montrer. On les repique l'année suivante en pépinière, en les espaçant de 0^m80 environ. Cette méthode ne donne que des sauvageons qu'on est obligé de greffer ensuite.

252. **Bouturage.** — Pour bouturer, on peut employer deux méthodes. La première consiste à prendre des rameaux de 0^m02 à 0^m03 de diamètre et à les planter à une profondeur de 0^m20. La deuxième méthode consiste à enlever avec quelques racines les rejets qui poussent au pied des arbres. Ces rejets doivent avoir un diamètre de 0^m03 au moins.

253. **Greffage.** — La greffe est pratiquée soit sur les plants d'olivier sauvage qu'on recueille dans les bois pour les élever en pépinières, soit sur les sujets provenant de boutures ou de rejets. Les greffes qui réussissent le mieux sont les greffes en fente, en couronne et en écusson.

254. **Plantation.** — Les plantations en massifs ou *olivettes* se font surtout dans les terrains secs et caillouteux. Les jeunes arbres y sont mis en quinconce, à raison de 200 environ par hectare ; on les espace de 7 mètres les uns des autres. On doit labourer préalablement le sol pour le débarrasser de toutes les mauvaises herbes qui peuvent y pousser. Dans les terrains secs, on plante à l'automne ; dans les terrains frais, on opère au printemps.

Si le terrain a été bien défoncé, on creuse des trous de la dimension de la motte qui adhère aux racines ; dans le cas contraire, on fait des trous de 1^m50 de côté sur 0^m70 de profondeur.

255. **Taille de l'olivier.** — C'est dans les pépinières que l'on donne à l'arbre la forme qu'il doit conserver. S'il est mis en place à l'âge de sept ou huit ans, il a le plus souvent quatre branches principales, partant du tronc à une hauteur de 1^m50 à 2 mètres environ ; on cherche ainsi à soustraire les basses branches à la dent des animaux.

256. **Entretien.** — Les soins de culture consistent

dans les labours, l'application des engrais, les irrigations et la taille. — Les oliviers non taillés prennent une forme pyramidale élevée et produisent peu de fruits. M. de Gasparin a établi des règles pour la taille de l'olivier. Ces règles sont exposées comme il suit : supprimer les rameaux qui s'élèvent verticalement et qui sont de véritables gourmands ; — couper les branches mortes et les rameaux latéraux qui montrent une trop grande exubérance de sève ; — supprimer parmi les rameaux d'un an ceux qui poussent dans l'intérieur de l'arbre et réserver sur ceux que l'on conserve le bouquet terminal et quelques-uns des bouquets les plus rapprochés de ce dernier. Ce mode de taille a pour objet d'obtenir des arbres en gobelets, arrondis, bien garnis, sans être touffus. Ce n'est qu'à la troisième année de la mise en place qu'on commence à pratiquer cette taille.

257. **Engrais.** — C'est une grave erreur de se figurer que les cultures arbustives peuvent se passer d'engrais. Les fumures qui conviennent le mieux sont celles au fumier de ferme. On peut aussi employer les vieux chiffons de laine, les vieux cuirs, les engrais de ville, les tourteaux, les engrais chimiques, les composts, etc.

258. **Irrigation.** — La sécheresse peut provoquer la chute des fruits ; aussi devra-t-on irriguer autant que faire se pourra. La meilleure méthode pour arroser consiste à faire circuler l'eau d'un arbre à l'autre par de petits canaux. Deux arrosages, l'un en juin, l'autre en août, peuvent suffire, en donnant environ 1,000 mètres cubes d'eau par hectare.

259. **Récolte.** — L'époque de la cueillette des olives varie suivant qu'on veut confire les fruits ou extraire l'huile qu'ils contiennent. Dans le premier cas, on n'attend pas leur complète maturité et on les cueille en septembre et en octobre. Dans le deuxième cas, la récolte commence en novembre quand les olives ont tendance à se détacher de l'arbre, pour se continuer pendant décembre et janvier,

les fruits continuant à grossir sur l'arbre même pendant l'hiver. Dans certains pays, on ne recueille qu'en avril ou en mai, quand le plus grand nombre des olives tombent des arbres, mais on a perte plutôt que gain en opérant ainsi.

La récolte est pratiquée par des femmes qui montent dans l'arbre et détachent les olives à la main, en évitant de faire tomber les feuilles et de froisser les rameaux.

Le gaulage est quelquefois pratiqué, mais il a l'inconvénient de détruire un grand nombre de brindilles, qui

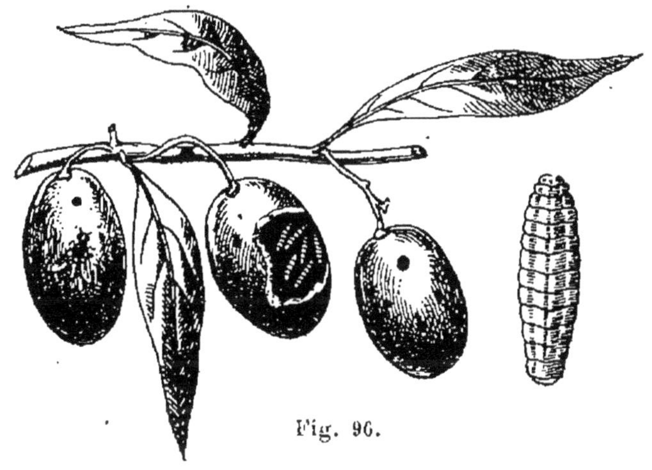

Fig. 96.

doivent donner des fruits l'année suivante; en outre, les olives meurtries fermentent en tas.

On doit ramasser à part les olives tombées pendant la cueillette. Les olives cueillies sont mises en sacs, puis portées à la ferme où on les dépose en couches de 0m10 à 0m15, dans un grenier bien aéré. La récolte achevée, on doit porter le plus vite possible les fruits à l'huilerie.

En Provence, on évalue le rendement moyen à deux litres d'huile par arbre, ce qui représente environ vingt litres d'olives; ceci en très bonne culture.

260. **Maladies de l'olivier.** — Comme maladie, l'olivier peut être atteint par la *carie* qui attaque les branches. Pour s'en défendre, il faut enlever jusqu'au vif la partie malade et recouvrir les plaies de résine.

Le *noir* ou *fumagine* est un champignon qui attaque les rameaux et les feuilles, tandis que le *blanc*, qui est lui aussi un champignon, attaque les racines.

261. **Insectes nuisibles.** — L'olivier est attaqué par le *kermès* ou *cochenille*, par le *thrips* ou *barban*, par la *psylle*, par la *teigne* et par la *mouche de l'olive* ou *keiroun*. Ce dernier insecte est le plus redoutable ; on le nomme aussi *ver de l'olive*. La mouche dépose ses œufs dans l'olive en la piquant, et la larve ronge ensuite la pulpe quand elle est éclose. Le keiroun est d'autant plus redoutable, qu'il produit deux générations par an (fig. 96).

NOYER (Juglandées).

262. Le noyer est un arbre qui atteint une hauteur de 20 à 25 mètres. Cet arbre se plaît dans les plaines abritées et dans les gorges des montagnes.

Il est répandu en France dans le Poitou, le Limousin, le Périgord et le Dauphiné.

263. **Sol.** — Le noyer végète bien dans les sols argilo-calcaires et argilo-siliceux. Il redoute les sols marécageux et tourbeux.

264. **Multiplication des noyers.** — Les noyers se multiplient par semis. On fait *stratifier* les noix dans du sable avant de les confier au sol. Les semis se font généralement en pépinière ; c'est dans la seconde quinzaine de février qu'on met les noix en terre. Il faut avoir soin de placer la pointe des noix en bas ; la germination se fait beaucoup mieux ainsi. Pendant l'année, on exécute des binages et des sarclages pour maintenir le sol meuble et exempt de mauvaises herbes. Pendant la deuxième et la troisième année, on bine et on sarcle suivant les besoins ; on doit également supprimer les jeunes branches latérales des sujets, afin de faciliter leur élongation.

Les noyers sont plantés à demeure à l'âge de cinq à six ans, quand ils ont de 3 à 4 mètres de hauteur. On les plante dans les terres labourables, les vignes, à l'intérieur des champs ou en bordure. Il faut espacer les noyers d'au moins 15 à 20 mètres, car ces arbres ne se développent bien que lorsqu'ils sont isolés. La transplantation doit avoir lieu en automne et elle doit être faite dans des fosses de 1 mètre de côté et 0m65 à 0m80 de profondeur.

Chaque année, on pioche la terre autour des noyers et on y applique du fumier, tous les trois ou quatre ans. — Si l'on veut obtenir des noix d'une variété donnée, il est nécessaire de greffer les noyers obtenus par semis.

Fig. 97. — Noix.

265. **Récolte.** — Le noyer produit des fruits à l'âge de 15 à 20 ans. Les produits qu'il donne ne sont pas réguliers, parce que ses fleurs et ses pousses sont très sensibles aux gelées printanières. Dans les circonstances ordinaires, un noyer en plein rapport peut donner 2 à 3 hectolitres de noix par an.

Les fruits arrivent à maturité depuis le 15 septembre jusqu'au 30 octobre. On les fait tomber à terre en se servant de longues gaules. Ils sont ramassés ensuite et transportés à la ferme où on les dépouille de leurs enveloppes ou *brou*. Les noix débarrassées de leur brou sont déposées dans un grenier en couches de 0m06 à 0m08 d'épaisseur. On doit les brasser plusieurs fois par semaine pour les faire sécher; au bout d'un mois, la dessiccation est complète.

Un hectolitre de noix pèse 35 à 40 kilogrammes; 100 kilogrammes donnent en moyenne 18 kilogrammes d'huile à manger. Les noix sont aussi utilisées comme dessert.

CHAPITRE XVII

Plantes textiles.

266. Les plantes textiles sont celles dont on retire des fibres propres à la filature et au tissage. En France, les plantes textiles cultivées sont peu nombreuses; on ne cultive en effet que le *chanvre* et le *lin*. On cultive dans nos colonies le coton, la ramie et l'alfa.

CHANVRE (Cannabinées).

267. Le chanvre est une plante dioïque : dans toutes les cultures on distingue des pieds portant des fleurs mâles et des tiges n'ayant que des fleurs femelles.

268. **Variétés.** — On ne cultive en France que deux variétés de chanvre :

1° Le *chanvre commun* ou *chanvre ordinaire,* qui est le plus répandu ; ses tiges atteignent de $1^{m}50$ à 2 mètres de hauteur;

2° Le *chanvre de Piémont* ou *grand chanvre*, qui se distingue par une taille plus élevée, surtout dans les terres de bonne qualité.

269. **Sol.** — Il faut au chanvre une terre de consistance moyenne, ni sèche, ni tenace. Les terrains d'alluvions riches et fertiles lui conviennent parfaitement.

Il faut une terre profondément ameublie : pour l'obtenir, on laboure avant l'hiver à $0^{m}30$ de profondeur. Au printemps on scarifie, on herse et on roule, puis on laboure avant de semer.

Le chanvre est une plante exigeante, aussi faut-il appliquer une forte fumure sur le terrain qu'on lui destine. La fumure devra être appliquée autant que possible avant l'hiver, de manière qu'il y ait un stock suffisant de matières assimilables au moment des semailles.

270. **Semailles** — On sème pendant le courant de mai, à raison de 2 à 3 hectolitres à l'hectare, suivant qu'on veut obtenir de la filasse plus ou moins fine. Plus on sème épais, plus fine est la filasse.

271. **Entretien.** — Le chanvre exige peu de soins d'entretien pendant sa végétation. La promptitude avec laquelle il végète lui permet généralement de dominer les plantes adventices. Il est cependant nécessaire d'arracher les mauvaises herbes à la main dès que le chanvre est levé ; plus tard, il s'en débarrasse seul.

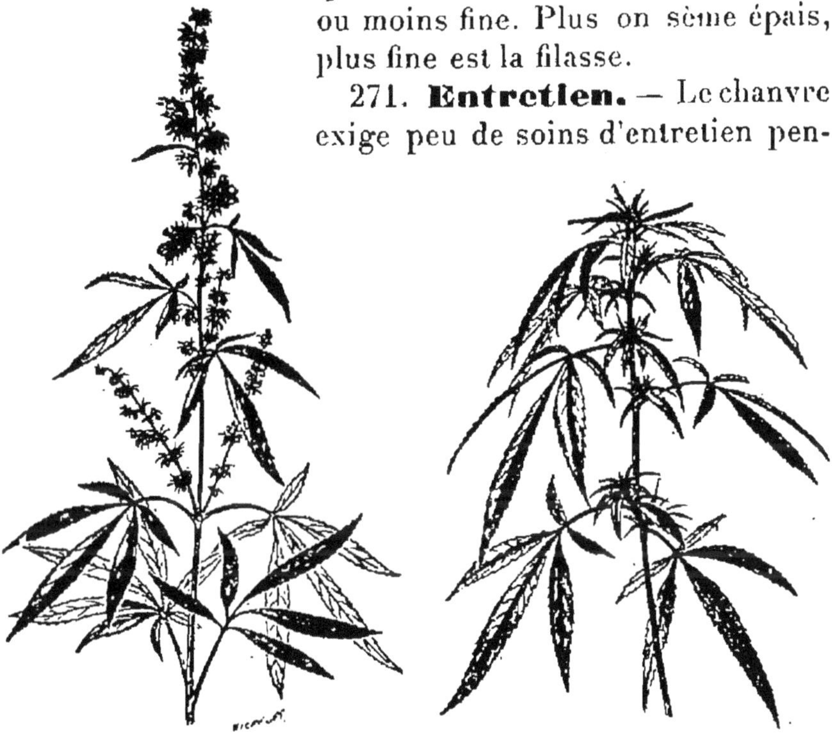

Fig. 98. — Chanvre mâle et chanvre femelle.

272. **Parasites du chanvre.** — Le chanvre est attaqué pendant sa végétation par deux plantes parasites : la *cuscute* et l'*orobanche rameuse*. La cuscute vit sur les

tiges; elle est très envahissante, car elle se développe rapidement. L'orobanche vit aux dépens des racines et peut causer des torts assez considérables dans les chènevières.

273. **Récolte.** — La récolte des tiges se fait en deux fois. On récolte d'abord les pieds mâles quand la fécondation du chanvre femelle a eu lieu. On reconnaît les pieds mâles à ce caractère que les fleurs sont disposées au sommet des tiges en petites grappes lâches, d'un jaune pâle.

De 20 à 25 jours après l'arrachage des pieds mâles, on procède à l'arrachage des pieds femelles. Ceux-ci diffèrent des pieds mâles en ce que leurs fleurs sont presque sessiles à l'insertion des feuilles, au lieu d'être disposées au sommet des tiges. Au moment de l'arrachage, ils portent des graines.

274. **Rouissage.** — Le rouissage est l'opération qui a pour but de faciliter la séparation de la filasse du reste de la tige. On peut rouir le chanvre de plusieurs façons : *à l'eau* ou *à la rosée*. Le rouissage à l'eau a lieu à l'*eau dormante* ou à l'*eau courante*.

Dans le premier cas, on exécute le rouissage dans des routoirs de 1 ou 2 mètres de profondeur. Dans le second, on l'opère dans les rivières ou les ruisseaux.

Le *rouissage à l'eau courante* permet de produire une filasse très nerveuse et ayant une belle couleur blonde; il est très salubre. Le *rouissage à l'eau dormante* donne de la filasse de nuance brune; en outre, il produit des émanations fétides, nuisibles à la santé publique.

Dans les deux cas, les bottes de chanvre doivent être placées horizontalement les unes sur les autres et maintenues au-dessous du niveau de l'eau par de fortes pierres.

La durée du rouissage est de 6 à 10 jours pour les pieds mâles et de 8 à 14 jours pour les pieds femelles.

Lorsque le rouissage est achevé, on sort le chanvre et on délie les bottes pour faire sécher les tiges en les plaçant debout contre un mur ou une haie. Au bout de 3 à 6 jours, on met de nouveau le chanvre en bottes, quand les tiges sont bien sèches.

Le *rouissage à la rosée,* appelé aussi *rosage* ou *rorage*, consiste à étendre les tiges, dès qu'elles sont sèches, sur un terrain engazonné ou sur des chaumes de céréales.

On l'exécute dans les contrées qui n'ont pas de routoirs ou qui ne peuvent faire rouir dans les ruisseaux ou les rivières. Ce genre de rouissage dure plus longtemps que les autres; il donne une filasse brune ou grisâtre, qui devient très blanche par le lavage.

On reconnaît que le chanvre est assez roui, quand la filasse se sépare facilement du reste de la tige. Si on laisse le chanvre rouir trop longtemps, la filasse perd du poids et de la force.

275. **Teillage.** — Le teillage est l'opération qui consiste à séparer la filasse du reste de la tige ou *chénevotte.* Cette opération se fait à la main ou à l'aide d'un instrument appelé *braye, broye* ou *broie.*

La filasse est ensuite peignée ou *sérancée* à l'aide de *sérans* ou peignes, ayant des dents en acier de diverses grosseurs.

276. **Rendement.** — Les produits fournis par le chanvre sont très variables, suivant la qualité des terrains. Le rendement moyen en tiges est de 2,400 à 4,000 kilogrammes par hectare ou de 600 à 1,000 kilogrammes de filasse.

Le produit en graines (chénevis) oscille entre 8 et 12 hectolitres; chaque hectolitre de chénevis pèse de 50 à 53 kilogrammes.

La filasse que donne le chanvre est utilisée dans la fabrication du fil, de la toile, des ficelles et des cordages.

La graine est utilisée pour la nourriture des volailles et des oiseaux; on peut aussi en obtenir de l'huile.

L'huile de chénevis est très siccative; on l'emploie dans l'éclairage, la peinture et la fabrication du savon.

Le tourteau est utilisé comme engrais ou employé comme appât dans les pêcheries.

LIN (Linacées).

277. **Variétés.** — Les variétés de lin qu'on rencontre en France se divisent en variétés de printemps et en variétés d'hiver.

Les lins de printemps ou *lins froids* sont de beaucoup les plus cultivés. Les lins d'hiver ou *lins chauds* sont surtout cultivés dans le sud-ouest de la France; dans le centre et le nord, les intempéries les détruiraient.

Fig. 99. — Lin.

278. **Sol.** — Le lin ne réussit bien que dans les terres un peu légères, mais profondes et fraîches. Il faut à cette plante un sol très riche, profondément ameubli et net de mauvaises herbes. On a remarqué qu'un excès d'azote amène la *verse;* les engrais phosphatés et potassiques agissent principalement sur les semences, dont ils augmentent à la fois le rendement et la valeur.

279. **Semailles.** — Les lins d'hiver ou *lins chauds* se sèment en septembre et octobre; les lins de printemps sont mis en terre depuis le mois de mars jusqu'au mois de mai. Le semis se fait généralement à la volée, à raison de 2 hectolitres et demi à 3 hectolitres par hectare.

280. **Entretien.** — Le lin redoute beaucoup les mauvaises herbes; aussi est-il nécessaire de les enlever dès que le terrain en contient. Pour cela, on opère des sarclages; les binages proprement dits sont impossibles à cause du grand nombre des pieds.

281. **Maladies et plantes parasitaires.** — *Brûlure.* — La brûlure est une altération de la plante se

traduisant par le dessèchement des tiges qui semblent avoir été passées au feu. On dit alors que le lin est *hongreux* ou attaqué du *froid-feu*. On croit devoir attribuer cette maladie à de petits insectes noirs : les *trips du lin*.

Rouge. — Le rouge se manifeste par une teinte rougeâtre qui envahit la partie supérieure des tiges et la rend réfractaire au rouissage. La cause semblerait due à la sécheresse.

Etêtement. — L'étêtement ou *regermelage* se traduit par la chute du sommet des tiges.

Cuscute. — La cuscute étend parfois dans les linières ses longs filaments, qui s'attachent aux tiges et vivent à leurs dépens. On doit la détruire en employant le même procédé que pour la cuscute de la luzerne. (Voir ci-dessus, page 92.)

Orobanche. — Pendant les années sèches, l'orobanche pullule parfois dans les linières ; il faut l'extirper à la main.

282. **Récolte.** — On récolte le lin quand les feuilles ont une tendance à jaunir, si l'on veut obtenir des fibres très fines sans recueillir de graines. Quand au contraire on veut récolter des semences, il faut attendre que les capsules soient sèches et qu'elles contiennent des graines bien mûres. La récolte du lin se fait en arrachant les tiges ; on les met ensuite en faisceaux pour les faire dessécher.

Quand la dessiccation est complète, on sépare les graines au moyen d'une baguette avec laquelle on frappe sur la tête des tiges. On peut aussi se servir de *peignes* ou d'*égreneuses mécaniques*.

283. **Rouissage.** — Le rouissage se fait comme pour le chanvre soit à la rosée, à l'eau dormante ou à l'eau courante, suivant la facilité que l'on rencontre pour l'emploi de l'une ou l'autre de ces méthodes. Le rouissage à la rosée donne une filasse roussâtre ou grisâtre.

Le lin roui est mis ensuite à sécher à l'air libre ou dans des séchoirs spéciaux, chauffés par des foyers de grande dimension.

284. **Teillage.** — Le teillage comprend deux opérations distinctes : le *broyage* ou *macquage* et le *teillage* proprement dit ou *écouchage*, *écanguage*, etc.

Le *broyage* se fait à l'aide de la *broye* ou *broie* et de la *macque* ou *maillet flamand*. Il consiste à briser la paille et à détacher des fibres les plus gros fragments de tiges.

Le teillage proprement dit est l'opération qui consiste à enlever complètement les débris de tiges laissés par

Fig. 100.

l'opération précédente. Il est exécuté à l'aide d'instruments appelés *poissets* ou *écangues*.

285. **Rendement.** — On récolte par hectare 450 à 500 kilogrammes de filasse et 300 à 400 kilogrammes de graines.

La filasse de lin est employée dans l'industrie pour la fabrication des toiles fines.

Les graines de lin renferment un mucilage abondant, qui leur donne des propriétés émollientes. On s'en sert pour faire des tisanes et des cataplasmes. De ces graines, on peut également extraire une huile fixe, siccative, employée dans la peinture.

COTONNIER

286. Le cotonnier est une plante textile que l'on cultive en Amérique, dans l'Inde, en Egypte et en Chine. La récolte du coton se fait quand les graines sont mûres. L'enlèvement des capsules qui contiennent le coton et les graines se fait à l'aide de ciseaux. Aussitôt qu'une capsule a été détachée du cotonnier, l'ouvrier la prend et

Fig. 101.

en extrait les filaments de coton. On fait ensuite sécher ce coton pour éviter qu'il prenne une teinte roussâtre.

On distingue dans les cotons les cotons dits *longue-soie* et ceux dits *courte-soie*. Les cotons *longue-soie* servent à fabriquer les tissus les plus fins; les cotons *courte-soie* sont utilisés dans la fabrication des étoffes de moyenne finesse.

RAMIE (Urticées).

287. Cette plante exige des sols riches meubles, perméables, frais, sans être humides. On en cultive deux

espèces : la *ramie blanche* et la *ramie verte*; la première est la plus estimée.

La culture de cette plante a été tentée en France à plusieurs reprises et notamment dans les départements de la Vienne et de la Gironde; elle n'y a pris aucune extension. Dans nos colonies indo-chinoises ainsi qu'en Algérie et en Tunisie, la ramie pourra un jour procurer de grandes ressources aux colons qui se livreront à sa culture.

Jusqu'à présent, la difficulté de décortiquer les tiges de la ramie pour en extraire les fibres textiles a empêché beaucoup de colons de se livrer à la culture de cette plante. Mais le jour semble proche où l'industrie sera parvenue à vaincre cette difficulté ; alors la culture de la ramie prendra un vigoureux essor et entrera en concurrence sérieuse avec nos plantes textiles indigènes, le chanvre et le lin. La ramie est une plante vivace qui se multiplie par fragments du rhizome. On peut obtenir deux coupes par année en France; en Indo-Chine, il est possible d'en faire six à sept, dans les terrains les plus riches.

ALFA

288. Le mot arabe *alfa* désigne deux plantes de la famille des graminées : le *ligée sparte* et le *stipe tenace*.

Le ligée sparte croît surtout dans les bas-fonds un peu frais et dans les terres argileuses. Le stipe tenace ne pousse au contraire que dans les sols secs, arides et pierreux.

En Algérie, l'alfa se rencontre surtout dans le département d'Oran.

On utilise l'alfa à différents usages. De tous temps on a fait avec ces plantes des travaux *dits de sparterie*. Elles sont également utilisées comme fourrage et employées dans la fabrication du papier. On s'en sert pour faire des liens et des cordes pour les attelages, des corbeilles, des paniers, des chaussures, des nattes, etc.

Enfin, les fibres peuvent servir, après rouissage, pour fabriquer de la toile et des vêtements. La filasse d'alfa possède des propriétés très développées de résistance et de solidité.

Sur place, l'alfa vaut de 6 à 8 francs le quintal métrique; dans les ports, il est payé de 9 à 12 francs. Depuis

Fig. 102.

quelques années, le commerce demande l'alfa préparé par le rouissage à la rosée. Cet alfa ainsi préparé a une valeur très sensiblement supérieure à celui qui n'a subi aucune préparation : il se vend de 45 et 30 francs les 100 kilogrammes. On le connaît dans le commerce sous le nom d'*alfa blanc*.

CHAPITRE XVIII

Plantes tinctoriales

289. On donne le nom de *plantes tinctoriales* aux plantes que l'on cultive afin d'en extraire certains principes colorants employés dans la teinture.

Les principales plantes tinctoriales cultivées en France sont : la *garance*, le *réséda gaude*, le *safran*, le *pastel*, et le *tournesol*.

GARANCE (Rubiacées).

290. La garance était beaucoup plus cultivée autrefois qu'elle ne l'est aujourd'hui. On la cultivait afin d'extraire de sa racine une couleur rouge, avec laquelle on teignait les draps pour les pantalons de nos troupiers.

Cette culture, qui a fait un moment la richesse des pays qui l'avaient adoptée, a perdu toute son importance depuis que l'alizarine[1] a été obtenue par des réactions chimiques ayant la houille pour point de départ.

291. **Sol.** — Les terres légères, profondes, fraîches, sont celles dans lesquelles la garance réussit le mieux, mais il faut toujours qu'elles soient très fertiles et profondément ameublies.

292. **Culture.** — Pour obtenir une garancière, on peut se servir des semis ou de la transplantation.

Les semis se font en février ou en mars, quand la tem-

1. Les racines de garance contiennent une matière colorante rouge que l'on nomme *alizarine*.

pérature est douce et l'humidité suffisante. On répand les graines dans des sillons espacés de 0m30; il faut environ 70 à 80 kilogrammes de semences par hectare.

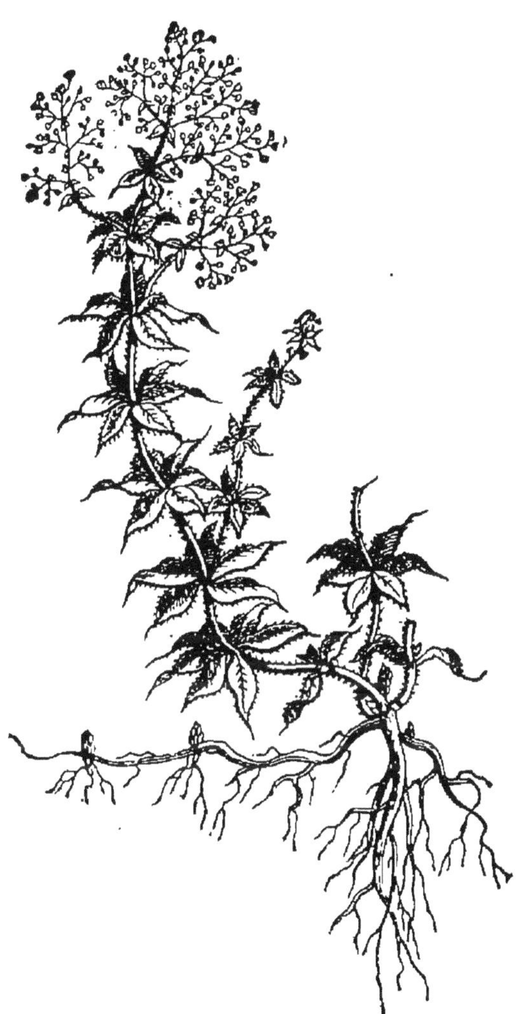

Fig. 103. — Garance.

Quand on emploie la transplantation, on opère à l'automne avec des racines obtenues en pépinière. Il faut de 1,500 à 1,600 kilogrammes de racines pour la plantation d'un hectare. Les soins à donner à la garance consistent en binages, sarclages et buttages.

293. **Récolte des racines.** — On arrache à trois ans les garances semées en place et à deux ans celles qui ont été transplantées. Cette opération se fait en août ou septembre, à la bêche ou à la charrue.

On peut obtenir environ 3,500 kilogrammes de racines sèches par hectare.

Les tiges de garance pouvant être fauchées à la deuxième et à la troisième année pour être converties en foin, il importe d'en signaler le rendement. A la deuxième année, on peut obtenir 3,500 kilogrammes de fourrage sec et 300 kilogrammes de graines; à la troisième année le rendement est inférieur de moitié environ.

GAUDE OU RÉSÉDA GAUDE (Résédacées).

294. La *gaude, vaude* ou *herbe à jaunir* fournit à l'industrie une couleur jaune très estimée, pour son brillant et sa solidité, et qu'on emploie pour la teinture des draps. La gaude peut venir partout en France; les circonstances économiques en déterminent seules la répartition. L'Hérault et l'Eure sont des départements dans lesquels elle occupe les surfaces les plus importantes.

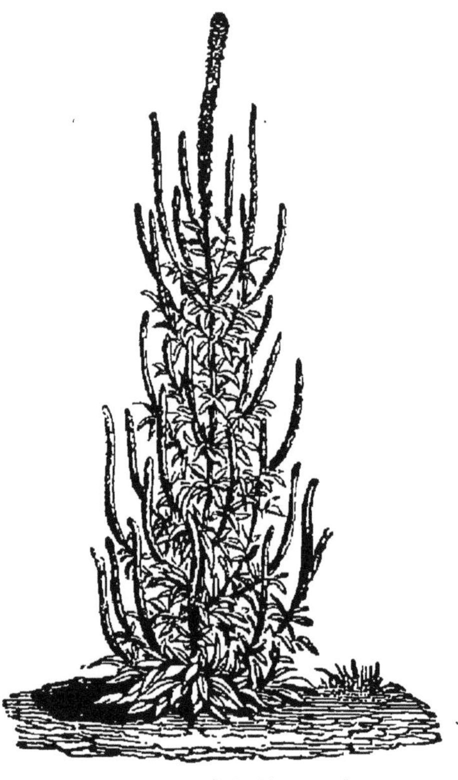

Fig. 104. — Réséda gaude.

295. **Sol.** — La gaude demande une terre fraîche et légère, de préférence à toute autre. Le sol ne doit subir aucune préparation spéciale : il suffit qu'il soit propre et convenablement ameubli.

296. **Semailles.** — Les semailles se font à l'automne ou au printemps et toujours à la volée, à raison de 4 à 5 kilogrammes par hectare. Le recouvrement se fait avec une herse très légère ou avec un rouleau plombeur.

On sarcle à la main et on espace les pieds à 0m10 ou 0m15 en tous sens. Il faut renouveler les sarclages, aussi souvent que le besoin s'en fait sentir.

297. **Récolte.** — Le moment de la récolte est arrivé quand les graines sont mûres dans le tiers inférieur de

l'épi, ce qui arrive de juin à juillet pour la gaude d'automne et d'août à septembre pour la gaude de printemps.

Au fur et à mesure de l'arrachage, on réunit les tiges en petites javelles qu'on laisse étendues sur le sol, si le temps est sec et chaud. Au bout de cinq à six jours, la dessiccation est complète et on rentre la récolte, en mettant les tiges en bottes de 5 à 6 kilogrammes.

Pour recueillir les graines, on se contente généralement de secouer les bottes en les disposant la tête en bas. Ces graines peuvent servir à extraire une huile qu'on utilise pour l'éclairage.

Les rendements en tiges sèches varient de 1,000 à 3,000 kilogrammes à l'hectare. On peut aussi obtenir une vingtaine d'hectolitres de graines, quand on recherche spécialement cette production.

SAFRAN (Iridées).

298. Le safran est cultivé pour ses stigmates de couleur rouge-orangé. La matière jaune contenue dans ces stigmates sert à colorer les pâtes d'Italie, les liqueurs, le beurre, les sucreries et les vernis. On s'en sert aussi en pharmacie pour quelques préparations médicamenteuses. Le peu de solidité de sa couleur ne permet pas de l'utiliser dans la teinture.

Le safran est cultivé surtout dans les départements du Loiret, de la Charente et de Vaucluse.

299. **Sol.** — Le safran veut un sol de consistance moyenne, profond, sain et net de mauvaises herbes. On prépare la terre par un ou deux labours et des hersages croisés.

300. **Culture.** — Le safran se multiplie au moyen de bulbes que l'on met en place, en lignes distantes de 0^m15 à 0^m20 les unes des autres. Les bulbes sont eux-mêmes espacés de 0^m04 à 0^m06. On enterre les oignons à une profondeur de 0^m10 à 0^m15

La plantation se fait du 15 juillet au 15 août. Les safranières sont généralement divisées en planches de 1^m30 à

1^{m}50; ces planches sont séparées par des sentiers, dans lesquels peuvent circuler les ouvriers. Quelque temps après la plantation, on donne un léger binage afin d'ameublir la safranière et d'y détruire les mauvaises herbes.

Fig. 105. — Safran.

301. **Récolte.** — Les fleurs du safran se montrent du 15 septembre au 15 octobre. On opère la récolte de préférence le matin et le soir, car les fleurs sont plus fraîches. On recueille les fleurs en les coupant au ras de terre avec les ongles et on les met ensuite dans un panier pour les transporter à la maison d'habitation, où on les soumet à l'*épluchage*. Cette opération consiste à recueillir les stigmates, en les séparant des autres parties de la fleur. Elle se fait pendant le milieu du jour.

On fait ensuite dessécher les stigmates en les mettant dans un tamis métallique qu'on promène au-dessus d'un brasier obtenu au moyen de sarments de vigne.

302. **Rendement.** — La première année, on récolte 10 kilogrammes, la seconde 30 kilogrammes et la troisième 20 kilogrammes de stigmates en moyenne à l'hectare. Les safranières ne durent pas au delà de trois années. Les feuilles du safran apparaissent aussitôt après la floraison et persistent jusqu'au printemps. En avril ou mai, quand elles commencent à sécher, on les coupe pour les donner aux bêtes bovines. Un hectare de safran peut donner de 700 à 1,000 kilogrammes de feuilles par hectare.

PASTEL (Crucifères).

303. Le pastel fournit une matière tinctoriale, bleue, nommée improprement indigo[1].

1. Le véritable indigo est fourni par un arbrisseau, l'*indigotier*, qu'on ne trouve pas en France.

304. **Sol.** — Le pastel aime les terres silico-argileuses et silico-calcaires, profondes et fertiles; il redoute les sols humides ou les terrains trop compacts. Les engrais calcaires ont une puissante action sur cette plante.

305. **Semis.** — Le pastel se sème au printemps ou à l'automne. Dans le premier cas, on prépare pendant l'hiver le terrain qu'on lui destine; dans le second, on le laboure durant l'été.

Fig. 106. — Pastel.

Les semis de printemps se font depuis le 15 février jusqu'au 1er avril; ceux d'automne sont exécutés du 15 septembre au 15 octobre. On sème en lignes ou à la volée. Le semis en lignes exige de 100 à 110 litres de semences; les rangs sont espacés de 0^m25 à 0^m33. Le semis à la volée nécessite 150 litres de semences. On recouvre les graines à la herse ou au râteau et on roule ensuite pour hâter la germination.

306. **Entretien.** — Le pastel doit être biné plusieurs fois pendant sa végétation; il faut également éclaircir les pieds, de manière à les espacer de 0^m20 environ les uns des autres.

Le pastel est exposé aux attaques de l'altise et de la chenille de la piéride du chou.

307. **Récolte.** — La récolte des feuilles, dans les-

quelles réside la matière colorante, a lieu quand elles sont arrivées au degré de maturité voulu, c'est-à-dire lorsqu'elles sont épaisses, grasses et un peu luisantes.

On procède à la cueillette par un beau temps, en cassant le pétiole de chaque feuille ; on doit éviter de les presser ; on les dépose sous un hangar à l'abri des pluies et du soleil.

On opère quatre ou cinq récoltes de feuilles sur les mêmes pieds. La première récolte a lieu en juin et la dernière en octobre. Un hectare de pastel effeuillé cinq fois donne de 15,000 à 20,000 kilogrammes de feuilles, ce qui représente de 36 à 44 kilogrammes d'indigo. Le pastel peut aussi être cultivé comme plante fourragère.

TOURNESOL (Euphorbiacées).

308. Le tournesol ou *maurelle* est cultivé dans la région méditerranéenne et on en extrait la teinture de tournesol, matière colorante employée en chimie pour déceler la présence des acides ou des bases.

Les terres calcaires sèches conviennent au tournesol.

Cette plante se sème en lignes espacées de $0^{m}35$; il faut environ 4 kilogrammes de graines à l'hectare. Les semailles se font dès le mois de février.

Pendant la végétation, quelques binages et quelques sarclages sont nécessaires pour entretenir le sol en bon état. La récolte se fait en août et on y procède en fauchant les tiges très près du sol. Le rendement est d'environ 3,000 kilogrammes de tiges fraîches à l'hectare.

CHAPITRE XIX

Plantes aromatiques. — Plantes médicinales et condimentaires.

Plantes aromatiques.

TABAC (Solanées).

309. Le tabac est originaire de l'Amérique méridionale. On en doit, dit-on, l'introduction en France à Jean Nicot (1530-1604).

310. **Sol.** — Le tabac est très exigeant pour la nature du sol; il lui faut une terre complète, riche en éléments fertilisants. Le sol qu'on destine à une culture de tabac doit être préparé par trois ou quatre labours, de manière que la terre soit en parfait état d'ameublissement et de propreté au moment de la plantation.

Le tabac demande d'abondantes fumures. Les matières fertilisantes les plus employées sont : le fumier de ferme et les matières fécales. On complète la fumure avec des tourteaux ou des engrais chimiques. L'emploi d'engrais azotés s'impose dans la culture du tabac, mais il faut aussi donner au sol des éléments phosphatés et potassiques, si l'on veut obtenir des produits bien combustibles.

311. **Semis.** — On ne sème pas le tabac en place, mais en pépinière, sur des plates-bandes ou sur des couches sourdes, où l'on met du fumier à demi décomposé. La graine germe assez difficilement; aussi faut-il arroser de temps en temps, pendant quinze jours à trois

semaines. Un mois à un mois et demi après l'apparition du végétal, on procède à sa plantation.

312. **Plantation.** — La plantation du tabac s'effectue à l'aide d'un plantoir et en espaçant les pieds d'un mètre environ en tous sens, suivant les ordres spéciaux de l'administration.

313. **Entretien.** — Au bout de quinze jours à trois semaines après la plantation, il faut donner un binage à la houe à main. Cette opération se renouvelle ensuite suivant les besoins et l'on ramène en même temps de la terre près du pied afin de le consolider.

Fig. 107. — Tabac.

314. **Ecimage.** — On doit écimer le tabac, avant l'apparition des fleurs, afin de concentrer la sève dans les feuilles. On écime à la hauteur de sept ou huit feuilles. Il faut aussi pratiquer l'*épamprement*, qui consiste à enlever les deux feuilles inférieures. Enfin, il faut enlever les bourgeons qui ont tendance à se faire jour à l'aisselle des feuilles.

315. **Récolte.** — La récolte se fait de quatre-vingt-dix à cent jours après la plantation, quand on voit les feuilles devenir d'un vert tendre et que le pétiole jaunit et

s'infléchit. Après la récolte, on fait dessécher les feuilles avant de livrer le tabac à l'administration[1].

La production moyenne du tabac est d'environ 1,000 à 1,200 kilogrammes par hectare avec des extrêmes de 580 kilogrammes par hectare dans le Var et de 2,733 kilogrammes dans le département du Nord.

316. **Monopole de l'Etat pour la vente du tabac.** — *La culture du tabac n'est pas libre en France.* Vingt départements seulement et le territoire de Belfort sont autorisés à se livrer à cette culture.

Le bassin de la Garonne produit à lui seul les deux tiers de la récolte totale du tabac; les départements du Nord et du Pas-de-Calais viennent immédiatement après. L'Etat a, en France, le monopole du tabac, c'est-à-dire qu'il a seul le droit de le faire cultiver et de le vendre. Le bénéfice net qu'il en retire atteint le chiffre de 300 millions de francs. Un kilogramme de tabac revient à l'Etat à 1 fr. 65 et il est vendu 12 fr. 50.

HOUBLON (Urticées).

317. Le houblon est une plante dioïque; on le cultive pour le principe aromatique que renferment ses fleurs femelles. Ce principe aromatique ou *lupuline* est constitué par une matière jaune, amère, résineuse et odorante. Il sert à aromatiser la bière.

On ne cultive que les pieds femelles de houblon.

318. **Variétés.** — Les variétés de houblon les plus importantes sont : le *houblon précoce*, à cônes de couleur foncée et le *houblon tardif*, moins coloré et dont la cueillette se fait plus tard.

Le houblon est cultivé en France surtout dans les régions du Nord et de l'Est.

319. **Plantation.** — La plantation d'une houblonnière se fait par éclats de racines, élevés en pépinière.

1. Pendant la végétation, les employés de la Régie font des inventaires sur le nombre des pieds de tabac cultivés. Cette culture est réglementée par l'administration des contributions indirectes.

Cette opération a lieu en février ou mars, aussitôt que la température le permet. La mise en place des pieds a lieu

Fig. 108. — Houblon.

suivant des lignes ou allées qui se coupent à angle droit; on opère aussi en quinconce. Dans les deux cas, on dirige les allées de manière que le soleil puisse aisément pénétrer dans la houblonnière pendant toute la journée. Les pieds de houblon sont espacés suivant des distances variables : de 1m65 à 2 mètres en tous sens.

320. **Entretien.** — On doit biner les houblonnières pour les maintenir nettes de mauvaises herbes. Il faut également placer des échalas pour soutenir les tiges.

321. **Récolte.** — La récolte des cônes a lieu à la fin de l'été ou au commencement de l'automne, suivant que les variétés sont plus ou moins hâtives. Pour pratiquer la récolte, on coupe à 0m30 environ du sol les tiges qui s'enroulent autour des échalas. On recueille ensuite les fruits en laissant à chaque cône un pétiole de 0m02 à 0m03 de longueur.

Le rendement d'une houblonnière est de 150 à 200 kilogrammes de cônes par hectare et par an, à partir de la troisième année et jusqu'à l'âge de douze ans environ.

Plantes médicinales et condimentaires.

322. La culture des plantes médicinales occupe en France de faibles étendues de terre. Les principales plantes médicinales cultivées sont : la *mauve glabre*, le *pavot blanc*, la *réglisse*, le *fenouil*, la *menthe poivrée*, l'*absinthe*. On peut aussi y rattacher la *moutarde* et la *chicorée à café*, qui sont des plantes condimentaires.

MAUVE GLABRE (Malvacées).

323. — La mauve glabre est d'origine chinoise. On la cultive pour ses fleurs qui entrent dans le mélange officinal dit des *quatre fleurs*.

Cette plante peut être semée à l'automne ou au printemps. Les semis d'automne se font en septembre et octobre, en place ou en pépinière; ceux de printemps se font en avril et mai.

Les plants obtenus en pépinière à l'automne sont mis en place dans les premiers jours de mars; on les espace de 0m50 en tous sens Leur floraison a lieu de juin en août. Les plants de printemps sont mis en place dans les premiers jours de juin et fleurissent en août et septembre.

Pendant la végétation, on doit donner au sol les binages nécessaires pour le maintenir meuble et net de mauvaises herbes. — La récolte des fleurs doit se faire lorsque la rosée a disparu. On les fait ensuite dessécher dans un grenier ou dans une étuve.

Les fleurs de mauve valent en moyenne 3 francs le kilogramme.

PAVOT BLANC (Papavéracées).

324. Le pavot blanc est cultivé pour l'usage médical que l'on fait de ses capsules calmantes, vendues en pharmacie sous le nom de *têtes de pavot*. Les fleurs de ce pavot sont entièrement blanches.

Fig. 109. — Pavot.

Les semis ont lieu en lignes en mars ou avril au plus tard, à raison de 3 litres de semence environ par hectare. Les lignes doivent être espacées les unes des autres de 0m50 à 0m60, afin que les ouvriers puissent récolter facilement les têtes au moment de la maturité.

Pendant la végétation des plantes, on exécute les binages et les sarclages nécessaires pour que le sol soit toujours propre et meuble.

Quand les plantes ont 0m10 à 0m12 de hauteur, on doit les éclaircir de manière à les espacer de 0m25 à 0m30 dans les lignes.

La récolte des capsules a lieu quand elles sont presque arrivées à maturité. Chaque capsule doit être munie d'une queue de 0m20 à 0m25 de longueur; cette queue sert à mettre les capsules en paquets ou *glanes*.

Un hectare de pavot peut donner de 200,000 à 250,000 capsules.

Les têtes du pavot blanc servent à préparer le sirop de *diacode*[1].

RÉGLISSE (Légumineuses).

325. La réglisse est cultivée pour ses racines qui, séchées, constituent le *bois de réglisse*.

On cultive la réglisse en Touraine et en Poitou.

Fig. 110. — Réglisse.

La réglisse veut un sol de consistance moyenne, argilo-siliceux ou silico-argileux, profond, fertile et frais. Le terrain doit être défoncé à une profondeur de 0^m50 à 0^m60, avant de recevoir une culture de réglisse. Il faut aussi le fumer fortement.

La réglisse se propage par ses rejetons ou racines garnies de chevelu. Les pieds sont plantés en lignes espacées de 0^m60; l'intervalle qui sépare chaque pied sur la ligne doit être de 0^m35. On peut également espacer les pieds de 0^m50 en tous sens. La mise en place a lieu à l'automne ou au commencement du printemps.

La récolte des racines n'a lieu qu'à la fin de la troisième année.

Pendant l'intervalle qui sépare la plantation de la récolte, on doit maintenir le sol meuble et propre par des binages. Il faut aussi couper les tiges chaque année à l'automne; ces tiges peuvent être utilisées pour le chauffage des fours.

Autant que possible, on devra enfouir du fumier à demi

1. Voir ci-dessus *Pavot à opium*, n° 246.

décomposé entre les lignes de réglisse, pendant l'hiver qui suivra la plantation. Cette fumure active puissamment la végétation pendant la seconde année.

A la fin de la troisième année, on procède à la récolte des racines. A mesure que les racines sont extraites du sol à la bêche, des femmes séparent celles qui doivent être vendues de celles qui, trop petites pour la vente, doivent être mises en terre pour former une nouvelle *réglissière*. Les racines sont ensuite lavées, séchées au soleil et mises en bottes de 1^{m}50 à 2 mètres de longueur. Ces bottes liées à plusieurs liens pèsent de 90 à 100 kilogrammes.

Un hectare de réglisse produit de 4,500 à 5,000 kilogrammes de racines sèches après trois ans de végétation.

Le *bois de réglisse* est utilisé en médecine pour ses propriétés pectorales et adoucissantes. Le suc qu'on en extrait est employé par les brasseurs pour colorer la bière.

FENOUIL (Ombellifères).

326. Cette plante exige une terre légère très fertile. Les semis se font en place ou en pépinière dans le courant du mois d'août. Lorsqu'on sème directement en place, on répand les graines dans des rayons espacés de 0^{m}40. Quand on opère par transplantation, on espace les plants à 0^{m}35 en tous sens. Les fenouils semés en place en août doivent être éclaircis au printemps.

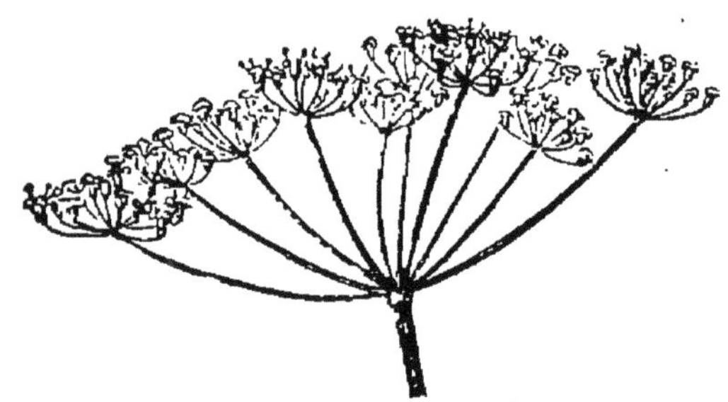

Fig. 111. — Fenouil.

Pendant la végétation on bine et on arrose aussi souvent que possible. Les graines mûrissent à la fin de juillet de l'année qui suit le semis; les tiges ont alors 1^{m}30 à 1^{m}40 d'élévation.

Les semences du fenouil sont les seules parties utilisées en médecine; elles sont carminatives et apéritives.

On cultive comme légume une espèce de fenouil à collet et à nœuds renflés.

MENTHE POIVRÉE

327. La culture de la menthe poivrée a été tentée en France, mais les produits obtenus n'ont pu fournir que des essences de menthe médiocres. Aujourd'hui cette culture est abandonnée.

Fig. 112.
Menthe poivrée.

L'essence de menthe peut atteindre le prix de 200 francs le kilogramme; elle est stomachique et antispasmodique.

ABSINTHE (Composées).

328. La culture de l'absinthe occupe une certaine surface dans le Doubs et le Jura.

Tous les terrains paraissent lui convenir : elle réussit bien partout et à toutes les expositions.

La multiplication de l'absinthe se fait par semis et par éclats ou tronçons de vieilles couches.

Les semis se font en pépinière dans le courant de mars et d'avril.

On conserve les jeunes plants dans la pépinière jusqu'au moment de la transplantation, qui a lieu en automne par un temps humide, pour faciliter la reprise.

On plante en lignes espacées de $0^{m}30$ environ; les plants doivent être distants de $0^{m}25$ dans les lignes.

Les plantations bien exécutées durent de trois à six ans; elles n'exigent d'autre soin que des binages pour arrêter l'envahissement des mauvaises herbes.

On récolte l'absinthe avant la floraison, quand les tiges ont de $0^{m}30$ à $0^{m}50$ de hauteur.

Cette plante est employée en médecine sous forme d'infusion antiseptique (5 grammes de feuilles dans un litre d'eau), de teinture et d'huile d'absinthe. Elle sert aussi à fabrique une liqueur malheureusement trop connue et trop goûtée.

MOUTARDE (Crucifères).

329. On distingue deux espèces de moutarde au point de vue cultural : 1° la *moutarde noire*, cultivée comme plante condimentaire et médicinale ; 2° la *moutarde blanche*, cultivée comme plante fourragère.

La moutarde noire se plaît en terrains argilo-calcaires ou argilo-siliceux ; il lui faut un sol substantiel, c'est-à-dire riche en éléments fertilisants.

On prépare la terre par un labour d'automne et par un ou deux labours de printemps.

On peut semer à la volée ou en lignes, mais la dernière méthode est préférable. On espace les lignes de $0^{m}50$; il faut de 3 à 4 kilogrammes de graines par hectare.

Fig. 113. — Moutarde.

Après la levée, il faut biner et sarcler suivant les besoins. On doit également éclaircir les plants, de manière à les espacer de $0^{m}15$ à $0^{m}20$.

Dès que les siliques inférieures de la plante sont devenues noires, on doit faire la récolte. On coupe à la faux ou à la faucille et on réunit les tiges en moyettes. La maturité s'achève dans cet état ; lorsqu'elle est suffisamment avancée, on procède au battage des graines. Cette opération s'effectue sur une bâche, à l'aide de fléaux légers.

On peut recueillir par hectare de 15 à 25 hectolitres de graines pesant chacun de 68 à 72 kilogrammes.

La farine de moutarde mélangée à l'eau devient piquante et très odorante. Elle est utilisée pour la fabrication du condiment connu sous le nom de *moutarde*. Elle est aussi utilisée en médecine comme rubéfiant.

CHICORÉE A CAFÉ (Composées).

330. Cette plante doit être cultivée sur des terres argilo-calcaires ou argilo-siliceuses, profondes et perméables. Elle est très épuisante et demande par conséquent des terres fortement fumées. La fumure devra être appliquée longtemps à l'avance et on emploiera autant que possible des fumiers bien décomposés; cette plante redoute en effet les fumiers frais et pailleux.

Fig. 114. — Chicorée.

Les semis se font en avril ou en mai, à la volée ou en lignes. La dernière méthode est préférable. On doit aussi éclaircir les plants de manière à les espacer de 0^m10 à 0^m15 ou 0^m20, suivant la fertilité du sol.

L'arrachage des racines a lieu en octobre, avant l'apparition des grands froids. A mesure qu'on arrache les racines, on les met en tas, qu'on recouvre de paille, si l'on redoute les gelées.

Un hectare de chicorée peut fournir de 20,000 à 25,000 kilogrammes de racines.

Ces racines sont d'abord lavées, puis coupées en *cossettes* et desséchées dans un local qui porte le nom de *touraille*. Au sortir de la *touraille*, les cossettes sont introduites, dans de grands cylindres brûloirs, auxquels on imprime un mouvement continuel de rotation, pour être torréfiées. Lorsque la torréfaction est terminée, on divise les cossettes en menus grains à l'aide de moulins spéciaux. La chicorée moulue est ensuite livrée au commerce; elle sert à donner de la coloration au café.

CHAPITRE XX

Plantes à carde et plantes à sucre. — Mûrier.

PLANTES A CARDE : CARDÈRE (Dipsacées).

331. — On cultive la cardère en France dans les départements de Seine-et-Oise, de l'Eure, des Ardennes, des Bouches-du-Rhône et de l'Aude. Les têtes servent au cardage des étoffes de laine.

La cardère demande une terre légère ou de consistance moyenne, saine et perméable. Elle végète mal sur les terres très argileuses ou humides.

La cardère se sème en place ou en pépinière. Les semis en place sont exécutés en lignes, pendant les mois de mars et d'avril sur sol nu ou sur sol occupé par une céréale. On peut aussi semer en août ou en septembre dans un sol bien préparé, sur lequel on a récolté un fourrage annuel.

Dans les deux cas, on répand 8 à 10 litres de graines par hectare. La semence peut être distribuée et enfouie, à l'aide d'un semoir mécanique ; si l'on opère à la main dans des sillons ouverts à l'aide d'un rayonneur, on enterre les graines par un hersage léger.

Les semis en pépinière se font en lignes ou à la volée, en mai ou juin selon les localités. Les plants doivent recevoir des binages et éclaircissages pendant leur premier développement. On les met en place en septembre ou octobre, en les espaçant de 0^m35 à 0^m50 les uns des autres, sur des lignes distantes d'environ 0^m70.

On opère la transplantation à l'aide du plantoir ordinaire après avoir *habillé* les plants. On peut aussi l'exécuter à la charrue.

Pour les semis en place, on doit biner et éclaircir les plants suivant les besoins. Quand les cardères ont été semées au printemps, on butte les lignes avant la fin de l'automne. L'année suivante, à la fin de l'hiver, on exécute un dernier binage pour diviser la couche superficielle et détruire les mauvaises herbes.

Si la cardère est favorisée au printemps par une température à la fois chaude et humide, elle végète vigoureusement et ses tiges s'élèvent avec rapidité. Alors on supprime les têtes qui apparaissent les premières, pour que les autres soient plus régulières.

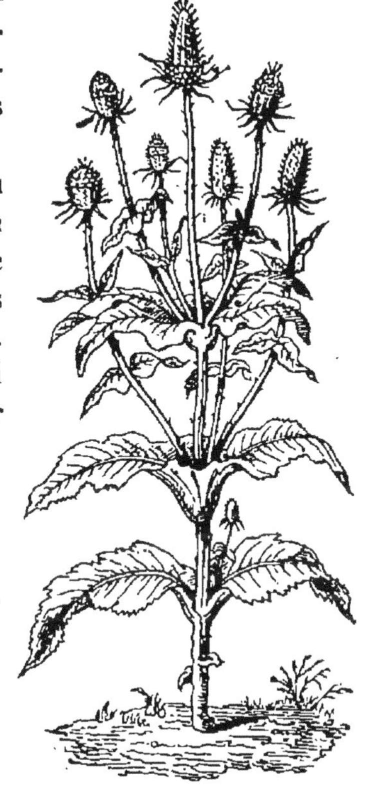

Fig. 115. — Cardère.

C'est en mai généralement que l'écimage est pratiqué.

On récolte les têtes quand elles ont pris une teinte blanche et que la chute des fleurs est complète. On les enlève alors au moyen d'une serpette et on leur laisse une queue de 0^m20 environ.

On les met à mesure dans un panier ou dans une corbeille. Il faut s'occuper ensuite de la dessiccation des têtes. A cet effet, on les place sous un hangar à l'abri, si le temps est sec, ou dans un local sain, aéré, si le temps est humide.

Quand les têtes sont sèches, on les met en paquets de 25 à 50 têtes. On rejette alors les têtes qui sont brunâtres ou terreuses.

On peut obtenir par hectare 300,000 à 400,000 têtes de cardère. On les vend de 5 à 7 francs les 1,000 têtes.

PLANTES A SUCRE : BETTERAVE SUCRIÈRE

332. La culture de la betterave à sucre est d'origine assez récente; elle ne date en effet que du commencement de ce siècle.

La betterave fournit aujourd'hui plus du tiers de tout le sucre qui se consomme dans le monde entier.

En France, la culture de la betterave à sucre reste surtout confinée dans les régions du nord et du nord-est.

333. **Variétés.** — Les variétés de betteraves à sucre sont assez nombreuses ; elles sont pour la plupart issues de la betterave *blanche de Silésie*. Les principales sont : parmi les variétés françaises, la *betterave à collet vert*, la *betterave à collet rose* et la *betterave améliorée de Vilmorin* ; parmi les variétés étrangères : la *betterave de Magdebourg* et la *betterave impériale de Knauer*[1].

Les meilleures betteraves à sucre poussent profondément en terre, sans en sortir. Elles ont une racine allongée, un collet large, des feuilles nombreuses, une chair ferme et la peau rugueuse. Leur poids dépasse rarement un kilogramme. Quand les betteraves grossissent beaucoup, elles contiennent peu de sucre. A l'encontre de ce qui se passe dans les fruits, moins les betteraves voient la lumière, plus le sucre s'y développe.

334. **Sol.** — Les sols qui conviennent le mieux à la betterave à sucre sont les terrains argilo-siliceux ou argilo-calcaires, de bonne profondeur.

Deux labours sont nécessaires : le premier est exécuté en août ou septembre; il sert à enfouir la fumure. On lui donne une profondeur de 0m30 à 0m35. Le deuxième labour

1. Toutes les betteraves à sucre sont de couleur blanche.

est exécuté à la fin de l'hiver; on le fait plus superficiellement et il sert quelquefois à enfouir quelques engrais complémentaires, à base de phosphate et d'azote. On se trouve très bien d'un mélange composé de superphosphate haut titre et de sulfate d'ammoniaque. La teneur en acide phosphorique doit être le double de celle en azote. La quantité d'engrais composé à employer varie de 100 à 400 kilogrammes suivant la richesse du sol.

335. **Semailles.** — Les semailles ont lieu depuis la fin de mars jusqu'au commencement de mai; elles s'exécutent en lignes espacées de 0m25 à 0m35, suivant que les travaux d'entretien se font à la main ou à l'aide d'instruments attelés. — La quantité de semence à répandre sur le sol varie depuis 20 kilogrammes jusqu'à 25 kilogrammes.

336. **Entretien.** — Lorsque les plantes ont trois ou quatre feuilles, on procède à leur éclaircissement ou *démariage*, c'est-à-dire qu'on diminue le nombre des plants dans la ligne. On laisse environ de 10 à 15 betteraves par mètre carré.

Fig. 116.
Betterave sucrière.

Les soins d'entretien de la betterave à sucre consistent en binages et en sarclages. On commence à les donner dès la levée des betteraves et l'on les continue de quinzaine en quinzaine jusqu'au 20 juin.

337. **Récolte.** — La maturité des betteraves s'annonce par le jaunissement des feuilles et leur inclinaison

vers la terre; elle commence en général dans la deuxième quinzaine de septembre.

L'arrachage des racines se pratique soit à la bêche, soit à l'aide de machines spéciales, traînées par des chevaux ou des bœufs. Après avoir été arrachées, les racines sont débarrassées de la terre qui les entoure et on procède à leur effeuillage en coupant le collet avec une serpe. Les betteraves sont ensuite mises en tas ou chargées sur des chariots, si leur enlèvement a lieu immédiatement.

Le rendement moyen d'un hectare de betteraves à sucre est de 30,000 à 35,000 kilogrammes.

Les betteraves à sucre se vendaient autrefois au poids; aujourd'hui le prix d'achat est réglé par la richesse des racines en sucre. Cette richesse peut être appréciée très rapidement, grâce à un instrument assez simple, le SACCHARIMÈTRE.

La betterave à sucre a donné naissance, en France, à deux industries importantes : la fabrication du sucre[1] et de l'alcool de betterave.

Composition des betteraves. — La composition des betteraves à sucre est à *peu près* la suivante :

Eau	83.00 %
Sucre[2]	11,00
Matières azotées	1,50
Cellulose et pectose	0,85
Matières organiques autres	2,85
Sels	0,80
TOTAL	100,00

338. **Pulpes.** — On donne le nom de *pulpes* aux résidus qui restent après la séparation du jus. Ces matières constituent des aliments précieux pour les bestiaux. Il est bon de les mélanger à des balles de froment ou à de la paille hachée. Les deux matières s'améliorent et se complètent mutuellement par le mélange.

1. Voir dans la *Bibliothèque des Écoles primaires supérieures*, la Chimie de M. Poiré, cours de troisième année, chapitre VIII.
2. La richesse en sucre est variable suivant les variétés cultivées.

MURIER (Ulmacées).

339. Le mûrier est originaire de l'Asie. Son introduction en France paraît remonter au quinzième siècle. Olivier de Serres contribua beaucoup à répandre la culture du mûrier dans notre pays.

Aujourd'hui, on évalue à 40,000 hectares environ la surface occupée en France par les mûriers.

Les feuilles du mûrier servent à la nourriture des vers à soie.

340. **Variétés.** — Il existe trois variétés principales de mûrier, qui sont : le *mûrier blanc*, le *mûrier noir* et le *mûrier rouge*. Le mûrier blanc est le plus cultivé.

341. **Sol.** — La plupart des sols, sauf ceux qui sont marécageux et froids, conviennent à la culture du mûrier. Il vient partout où la vigne prospère.

342. **Semis et bouturage.** — On multiplie le mûrier par semis ou par boutures. Ces opérations se font en pépinière.

La pépinière étant établie dans un bon sol, bien défoncé et facilement arrosable, on y sème en mars les graines de mûrier sur des lignes distantes de 0m30 à 0m40 qu'on creuse à 0m04 ou 0m05 de profondeur et qu'on recouvre de terreau. On arrose ensuite le semis. Quand le jeune plant s'est développé, on l'éclaircit en laissant 0m05 entre chaque pied. Pendant l'été, on donne les façons culturales nécessaires : binages, sarclages, etc.

Pendant l'hiver, on opère la transplantation en choisissant les plus beaux plants, dits vulgairement *pourrettes*, qui ont atteint une hauteur de 0m50 à 0m60. On les repique sur une planche et en quinconce à 0m80 les uns des autres. On recèpe au printemps près du sol, et, lorsque les rameaux ont atteint une longueur de 0m15 à 0m20, on ne conserve que le plus fort qui formera la tige de l'arbre.

Les plants qu'on obtient ainsi sont dits *sauvageons;* pour les variétés qui ne se produisent pas bien ainsi, on a l'habitude d'employer le greffage. Les greffes les plus employées sont celles à écusson, à œil dormant ou à œil poussant et la greffe en tête en flûte.

La multiplication par bouturage permet de se dispenser de la greffe. On enlève en février des rameaux de 0m50 et on les plante en tranchées ouvertes qu'on emplit de terre. On leur donne les mêmes soins qu'aux plants de semis.

Fig. 117. — Mûrier.

343. **Plantation à demeure.** — La plantation à demeure se fait en espaçant différemment les pieds suivant qu'on a affaire à des arbres de haute ou de basse tige. Quand ce sont des arbres à haute tige, on les espace de 8 à 12 mètres et on les plante dans des trous de 2 mètres carrés sur 0m80 de profondeur. Quant aux mûriers nains, on les espace de 3 à 4 mètres.

Un autre mode de culture consiste à les planter en haies : ces haies servent de clôtures aux champs.

344. **Entretien.** — Les soins d'entretien consistent en labours qui ont pour but d'aérer le sol et de détruire la végétation spontanée. Ces façons culturales sont surtout nécessaires dans les terrains entièrement plantés de mûriers. Les arbres plantés çà et là dans les champs profitent des façons données aux autres plantes.

On néglige souvent à tort de fumer le mûrier ; il se trouve très bien du fumier de ferme en fumures modérées.

On taille le mûrier de façon à lui donner une forme en gobelet. On obtient ainsi une émission abondante de rameaux et par suite de nombreuses feuilles.

La méthode de taille la plus ancienne est la taille d'été. Elle consiste à enlever, après l'effeuillage, en juin, les branches qui portaient les feuilles en taillant au-dessus de l'œil de la base. Ces bourgeons se développent et donnent de nouveaux rameaux. A la fin de l'hiver suivant, on supprime les rameaux grêles et on enlève un des rameaux poussés sur la taille d'été, pour que celui qui reste se développe vigoureusement et donne l'année suivante une abondante récolte de feuilles. Après l'effeuillage, on rabat de nouveau cette branche pour la taille d'été.

Beaucoup de praticiens ont abandonné cette méthode qui est défectueuse, et opèrent comme il suit : on cueille les feuilles pendant deux, trois ou quatre ans de suite ; on taille l'arbre pendant l'hiver et on lui donne un an de repos. Après la taille d'hiver, il vient des tiges vigoureuses qui pendant la première année atteignent une grande longueur et donnent des récoltes abondantes.

En faisant ainsi, il est très bon de diviser ses arbres en quatre ou cinq lots dont l'un est taillé chaque hiver. Pour les mûriers à basse tige, on peut appliquer sans crainte la taille d'été.

345. **Récolte.** — La récolte des feuilles se pratique dès que les jeunes rameaux ont commencé à se développer, c'est-à-dire vers la deuxième quinzaine d'avril. On commence par les mûriers nains et à mi-tige, pour continuer par les hautes tiges. La cueillette commence le matin, dès que la rosée a disparu. On cueille à la main et on jette les feuilles dans un sac en toile maintenu par un petit cerceau. Il ne faut pas froisser les feuilles ni les récolter quand elles sont mouillées. Les feuilles mouillées peuvent occasionner diverses maladies aux vers à soie ; c'est pourquoi il faut bien se garder de leur en donner en nourriture.

Les feuilles récoltées sont conservées sous un hangar

ou dans un magasin spécial attenant à la magnanerie. A l'abri de la pluie et du soleil, les feuilles peuvent se conserver fraîches pendant plusieurs jours. Il ne faut commencer à effeuiller l'arbre, de crainte de nuire à sa vitalité, que lorsqu'il a cinq ou six ans.

346. **Rendement.** — On peut compter, en moyenne, de 50 à 60 kilogrammes de feuilles tous les deux ans pour les mûriers à haute tige de quinze à vingt ans et 100 kilogrammes pour ceux qui sont en plein rapport. Le produit des mûriers nains est inférieur, mais, comme ces arbres sont plus rapprochés, ils donnent à peu près le même rendement par hectare. Ce produit peut être de 8,000 à 12,000 kilogrammes à l'hectare.

347. **Maladies.** — Le mûrier est attaqué par un certain nombre de parasites. Un champignon, le *sphœria mori*, détermine, pendant l'été, des taches jaunes avec pustules sur les feuilles.

Les racines sont très souvent atteintes par la maladie connue sous le nom de *blanc des racines;* elle est aussi produite par un champignon.

CHAPITRE XXI

Cultures arbustives et fruitières.

VITICULTURE

348. La vigne est cultivée depuis les temps les plus anciens, et c'est en France que sa culture a pris le développement le plus considérable. En 1875, la France possédait à elle seule presque autant de vignes que l'univers entier : 2,500,000 hectares.

Le phylloxera a réduit considérablement cette étendue, mais la marche de la reconstitution permet d'espérer qu'on reverra bientôt en France les vignes couvrir la même surface et même la dépasser.

349. **Climat.** — La vigne ne prospère pas sur tous les points de notre territoire. La limite actuelle de sa culture est représentée par une ligne très irrégulière qui, partant de l'embouchure de la Loire, passerait par Chartres et Beauvais et aboutirait à la frontière nord-est, un peu au nord de Mézières.

La vigne peut prospérer dans toutes les régions tempérées, sa limite septentrionale en France est de 47° de latitude, alors qu'en Allemagne elle atteint 52°.

350. **Contrées viticoles.** — Les contrées viticoles sont en Europe : la France, l'Espagne, l'Italie, le Portugal, l'Allemagne, la Suisse, l'Autriche, la Roumanie, la Serbie, le sud de la Russie, la Grèce et la Turquie.

En Asie, la vigne est cultivée dans la Turquie d'Asie et au Japon.

En Afrique, l'Algérie, la Tunisie, le Maroc et le Cap de Bonne-Espérance voient prospérer cette culture.

En Océanie, on cultive la vigne dans l'Australie.

En Amérique, les principales contrées viticoles sont : les Etats-Unis, le Mexique, le Pérou, la Bolivie, le Brésil, l'Uruguay, le Chili et la République argentine.

Fig. 118. — Vigne.

351. **Variétés.** — Les variétés de vignes sont fort nombreuses, mais toutes peuvent être classées en deux catégories : 1° vignes à raisins de cuve; 2° vignes à raisins de table.

Toutes les variétés de cépages présentent des caractères différents en ce qui concerne la qualité du raisin, l'époque de la maturité du fruit et la nature du sol qui leur convient.

CÉPAGES FRANÇAIS

352. **Cépages de cuve du Midi.** — Les cépages de cuve du Midi sont nombreux; les plus connus sont : l'aramon, la carignane, le terret, le grenache, le saint-seau, l'espare, le picpoule, la clairette, la syrah, la marsane, la roussanne et la mondeuse de Savoie.

Aramon. — L'aramon est aussi appelé *ugni noir*, *pisse-vin, plant riche;* il a une souche forte et vigoureuse, des grappes très volumineuses, allongées, à grains gros et sphériques, de couleur noir foncé. Le vin qu'on en retire est de bas prix. Ce cépage est surtout remarquable par sa fertilité.

Carignane. — La carignane est aussi appelée *carignan;* elle donne des grappes volumineuses à grains serrés et solides. Le vin est un peu dur, mais il est spiritueux et assez coloré.

Terret. — Le terret est aussi appelé *terrain;* on a les terrets *blanc, gris et noir.*

Grenache. — Ce cépage porte aussi le nom de *tintau* et de *sans pareil;* le vin qu'on en retire est agréable, moelleux, alcoolique, mais manquant un peu de coloration.

Cinseau ou saint-seau, picardan noir, salernis. — Ce cépage donne des raisins à grains noirs, pruinés, fournissant un assez bon vin, de bouquet agréable.

Espare. — L'espare est aussi nommé *mourvède, catalan, charnet.* Il donne des raisins à grains noirs, sphériques et juteux, un peu âcres.

Picpoule. — Le picpoule, *pique-poule* ou *pique-pouil* donne des grains petits, ovoïdes, noirs, à peau fine, juteux et doux. On cultive les picpoules noir, gris, rose et blanc.

Clairette. — La clairette ou *blanquette* donne des raisins petits, blancs, pruinés et de saveur agréable.

Syrah. — La syrah ou *chirras*, *cerrine*, donne des grappes de grosseur moyenne dont les grains sont noirs, pruinés, juteux et sucrés. Elle forme la base des crus de l'*Ermitage* et de *Côte-rôtie*.

Marsane. — La marsane est associée à la roussanne pour former le cru de l'Ermitage. Elle donne des raisins de très bonne qualité et fournit un vin qui a beaucoup de corps. Les grains sont blancs.

Roussanne. — La roussanne est un cépage blanc, très remarquable au point de vue de la qualité des vins qu'on peut en obtenir. Les raisins sont de grosseur moyenne à grains sphériques, blancs, prenant un aspect roussâtre à la maturité.

Mondeuse de Savoie. — La mondeuse de Savoie ou *grosse syrah*, *gros plant, savoyane*, donne un vin un peu dur, coloré. Ce vin gagne beaucoup en vieillissant.

353. **Cépages de cuve de la Bourgogne, du Beaujolais et du Lyonnais.** — Les cépages de la Bourgogne, du Beaujolais et du Lyonnais sont peu nombreux; les principaux sont le pineau et le gamay.

Pineau. — Le pineau ou *pinot* est aussi dit *plant noble*, *savinien noir, petit bourguignon*, etc. Ce cépage donne des grappes petites, serrées, cylindriques, à grains petits, ovoïdes, pruinés, dont la maturité est très hâtive. On possède des pinots noirs, des pinots gris et des pinots blancs.

Gamay. — Le gamay noir est dit aussi *gros bourguignon, plant Nicolas*. C'est un cépage très productif, mais de moindre qualité que le pinot.

354. **Vignobles de la Gironde.** — Les cépages les plus répandus dans le vignoble de la Gironde sont : le *cabernet*, le *merlot,* le *verdot,* le *malbeck*, le *semilion*, le *sauvignon* et le *muscadet*.

Cabernet. — Le cabernet comprend deux variétés : le cabernet sauvage et le cabernet franc.

Le cabernet sauvage, dit aussi *vidur grave*, *breton*, donne des grappes coniques, serrées, à grains petits, sphériques et pruinés. Ce cépage entre dans la composition des grands crus rouges de la Gironde.

Le cabernet franc ou *carment*, *grosse vidur* donne un vin moins parfumé que le cabernet sauvage.

Merlot. — Le merlot ou *alicante, grabutet, vitraille*, donne des grappes coniques allongées, des grains noirs, petits et pruinés, juteux, fournissant un vin parfumé et moelleux.

Verdot. — Le verdot ou *carmelin* donne des grappes petites, régulières, bien détachées ; il fournit un vin coloré qui met longtemps à acquérir son bouquet.

Malbeck. — Le malbeck ou *cau noir de Pressac*, *quercy*, *jacolin*, *grifforin* est très répandu dans tout l'Ouest. C'est un cépage très productif.

Semilion. — Le semilion donne des raisins blancs, gros et allongés. Les grains ont la peau fine et sont parfumés. C'est un cépage très fin, qu'on emploie concurremment avec le sauvignon pour fabriquer du vin de Sauterne.

Sauvignon. — Le sauvignon ou *surin-fié* donne de grosses grappes à grains ovoïdes, fournissant un vin fin aromatique. Il y a quatre variétés de sauvignon : le vert, le jaune, le rose et le violet.

Muscadet. — Le muscadet ou *muscadelle*, *blanc de Cadillac*, donne des grappes grosses, un peu compactes ; les grains sont sphériques, de goût musqué, à peau fine. Le vin fourni par ce cépage est parfumé. On associe le muscadet au semilion et au sauvignon pour obtenir les vins de Sauterne et de Bergerac. Le muscadet est blanc.

355. **Vignobles des Charentes.** — Les cépages rouges caractéristiques des vignobles des Charentes sont le *balzac* et le *grifforin*. Ces deux cépages donnent un vin un peu plat.

Le cépage blanc le plus répandu est la *folle-blanche* ou *gros plant*. Les grappes de la folle-blanche sont grosses, cylindriques ; les grains qui les composent sont gros, de couleur verdâtre ; la peau en est épaisse et assez résistante. Il y a trois variétés de folle-blanche : la folle-blanche proprement dite, la folle-verte et la folle-jaune.

356. **Cépages français pour raisins de table.** *Chasselas.* — Parmi les cépages français qu'on cultive pour obtenir des raisins de table, le plus renommé est incontestablement le chasselas. On signale quatre variétés de chasselas : 1° le *chasselas doré;* 2° le *chasselas violet;* 3° le *chasselas rose ;* 4° le *chasselas de Falloux*, qui est plus beau et mûrit mieux que les autres.

Franc-Quintal. — Le franc-quintal ou *frankental* est plus productif que le chasselas; on le cultive surtout en serre. Il donne des raisins rouges, peu colorés, qui mûrissent de bonne heure.

Muscats. — Les muscats sont surtout cultivés dans le midi de la France. On en distingue différentes variétés : le *muscat blanc*, le *muscat de Hambourg*, le *muscat de Rivesaltes* et le *muscat Jésus*. Tous les muscats sont très parfumés.

Toutes les variétés énumérées appartiennent au vignoble français, mais on en a introduit un grand nombre d'autres d'importation américaine.

VIGNES AMÉRICAINES

357. Les vignes américaines sont employées en France pour la reconstitution des vignobles détruits par le phylloxera. Ces vignes peuvent en effet résister à l'insecte destructeur.

Les vignes américaines comptent un grand nombre de variétés dont les mérites sont plus ou moins discutés. Elles peuvent être classées en *vignes à production directe* et en *vignes porte-greffes.*

Les vignes à production directe donnent généralement des raisins à goût musqué; les graines ont presque toujours la peau plus épaisse que celles des vignes d'origine française.

Le rendement en vin des vignes à production directe est inférieur à celui des vignes françaises. L'avantage de leur emploi réside dans la reconstitution très rapide d'un vignoble. Avec les *porte-greffes*, il faut un peu plus longtemps; mais avec elles on peut conserver par le greffage les anciens cépages du pays et faire ainsi de meilleur vin.

Très souvent aussi, les fruits des vignes à production directe ne mûrissent pas dans certaines régions et on ne peut obtenir dans ce cas que de mauvaise boisson.

D'une manière générale, il y a avantage à employer les porte-greffes pour conserver les qualités de nos anciens crus.

358. **Producteurs directs :** *Jacquez.* — Le jacquez est un cépage à souche vigoureuse, dont l'écorce est grossière. Il résiste bien au phylloxera et prospère dans presque tous les sols, sauf dans les terres trop crayeuses.

Le vin de ce cépage est un peu grossier et de couleur bleuâtre, quand les raisins sont récoltés trop mûrs. Il ne donne de bons résultats, comme producteur direct, que dans la région méditerranéenne; plus au nord, il est exposé aux maladies cryptogamiques.

Herbemont. — L'herbemont a une souche vigoureuse, des sarments longs, rose-clair à l'aoûtement. Les grains sont petits, d'un rouge foncé, non colorés à l'intérieur comme le jacquez. Les boutures prennent difficilement racines. Le vin est un peu plat, mais d'assez bonne qualité. Les sols à cailloux siliceux ou calcaires, colorés ou rougis par du fer peroxydé, conviennent très bien à l'herbemont.

Othello. — L'othello donne des grappes assez grosses, à grains lâches, moyens, d'un noir violacé, pruinés, peu colorés à l'intérieur. Les sols argilo-calcaires pierreux, secs, lui conviennent peu. Ce cépage est sensible au phylloxera. Le vin d'Othello est un peu musqué et légèrement acide.

Cunningham. — Le cunningham donne des grappes petites à grains serrés, moyens, pruinés, d'un rose clair ou rose violacé.

Il paraît s'accommoder de presque toutes les natures de sol. Ce cépage est peu apprécié en France.

Black-July. — Il donne aussi des grappes petites; les grains de couleur noire sont de meilleure qualité que ceux du cunningham. Ce cépage s'accommode de tous les terrains, pourvu qu'ils ne soient pas trop mouillés ou trop froids.

Noah. — Le noah est un cépage d'une fertilité très grande, mais il donne peu de jus.

Les grappes sont grosses; les grains sont blancs à pulpe très épaisse, d'un goût *foxé*. Le vin, qui d'abord est *foxé*, s'améliore en vieillissant. Les terrains riches et profonds lui conviennent tout particulièrement.

Elvira. — L'elvira donne un raisin blanc dont les graines sont de moyenne grosseur. Le vin qu'on en obtient est d'assez bonne qualité et suffisamment alcoolique. C'est un parent du noah, mais il lui est de beaucoup inférieur. Ce cépage aime les terrains profonds et substantiels.

Jusqu'à présent, aucun des producteurs directs obtenus n'a une valeur suffisamment démontrée pour qu'on ait intérêt à les substituer aux cépages français greffés sur pieds américains bien résistants.

359. **Porte-Greffes :** *Riparia.* — Le genre riparia fournit plusieurs variétés. Ce sont : le *riparia tommenteux*, le *riparia à larges feuilles*, le *riparia à petites feuilles*, le *riparia Martin Despallières*, le *riparia baron Périer*, et le *riparia gloire de Montpellier*.

Le riparia doit être propagé dans tous les sols, sauf dans les terrains pauvres et secs, marneux, très mouillés. La variété *gloire de Montpellier* doit être multipliée de préférence : elle remplace avantageusement tous les autres porte-greffes.

Solonis. — Le solonis a une vigueur remarquable; il nourrit bien les greffes et se plaît surtout dans les terrains d'alluvions. On doit abandonner ce cépage en terrain calcaire.

Rupestris. — Le rupestris est moins difficile que les deux précédents : il vient même sur les coteaux secs et calcaires. Il est plus buissonnant que le riparia et le solonis.

Le greffage réussit assez bien sur le rupestris. On recommande le *rupestris du Lot* et l'*aramon rupestris Ganzin* de préférence au type lui-même.

Berlandieri. — Le berlandieri est un cépage qui jusqu'à présent s'est peu propagé à cause de la difficulté de la reprise par le bouturage. Il convient pour les terrains très calcaires.

Il existe une foule d'autres variétés de vignes américaines, tant producteurs directs que porte-greffes, mais l'étude que nous faisons de ces cépages étant très sommaire, nous nous contenterons de ceux qui sont signalés plus haut.

D'une manière générale, la base de la reconstitution des vignobles repose sur le défoncement des terrains à planter, et jusqu'à présent on n'a eu de réussite réelle que dans les sols susceptibles d'être profondément remués.

CHAPITRE XXII

Cultures arbustives et fruitières. — Viticulture (*suite*).

ÉTABLISSEMENT D'UN VIGNOBLE

360. **Choix du terrain.** — Sous un climat propice, la vigne vient en tout terrain, pourvu que ce terrain soit suffisamment profond.

La présence de cailloux et de pierres, quand il n'y en a pas en trop grande quantité, semble assez favorable.

La vigne se plaît sur le penchant des coteaux, à mi-hauteur; au sommet, l'air est trop vif, et en bas elle craint la gelée.

Les meilleures expositions sont celles du sud, de l'est et du sud-est. Les expositions au nord et au nord-est valent moins.

361. **Préparation du sol.** — Si le sol manque de calcaire, il faut lui en fournir au moyen de chaulages ou de marnages. Les produits sont bien meilleurs et bien plus fins, quand la terre contient une certaine dose de calcaire.

Le défoncement est aussi une opération préliminaire reconnue presque indispensable. On fera donc bien de défoncer le sol, quand on le pourra, avant la plantation.

Quand les terres sont trop en pente, on les décompose en terrasses.

362. **Multiplication de la vigne.** — La multiplication se fait par semis, bouturage, marcottage et greffage.

363. **Semis.** — Les semis ne sont guère employés que par les pépiniéristes : c'est une méthode très lente de multiplication.

Au semis se rattache la méthode de *semis par œil*. On prend un centimètre ou deux d'un sarment avec l'œil. On le place en pépinière dans un endroit bien préparé. On recouvre ensuite de terreau très léger.

364. **Bouturage.** — Le bouturage se fait au moyen de boutures, qui portent, suivant les cas, les noms de *chapon* ou de *crossette*.

Fig. 119.

Le chapon est un sarment détaché du cep sans appendice.

La crossette est un sarment qui porte du vieux bois et du bois de l'année (fig. 119).

On peut planter directement un vignoble au moyen de chapons ou de crossettes, mais il vaut mieux mettre d'abord en pépinière.

365. **Marcottage ou provignage.** — Pour obtenir des marcottes ou provins, on incline un sarment et on le met dans une fosse avec du terreau. On fait sortir l'extrémité et on recouvre le reste de terre. Il faut aussi avoir le soin d'enlever les yeux d'arrière non enterrés.

Le marcottage chinois consiste à mettre tous les rameaux dans le sol et à les recouvrir de terre quand les pousses sont suffisamment fortes. On peut ainsi obtenir des boutures enracinées très rapidement.

366. **Greffage.** — Aujourd'hui le greffage est très employé pour la reconstitution de nos vignobles. Les systèmes les plus employés sont ceux représentés par la figures 120.

Le moment à choisir pour le greffage est l'époque où la vigne entre en végétation. Le greffon doit être en repos de sève.

Autant que possible on doit faire le greffage dans la pépinière, afin de pouvoir choisir les meilleures greffes au moment de la plantation du vignoble.

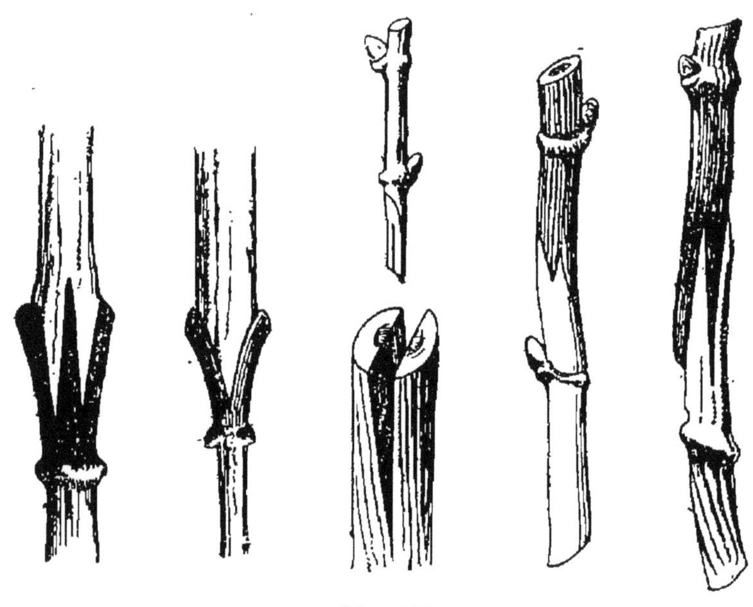

Fig. 120.

367. **Plantation.** — La terre ayant été préparée par des travaux préliminaires, défoncement et labours, on n'a plus qu'à choisir la méthode à suivre pour la plantation.

On peut planter suivant trois dispositions : 1° en lignes ; 2° en carré ; 3° en quinconce.

L'espacement des lignes varie avec le pays. A Château-Neuf (Vaucluse), l'espacement est de 2 mètres dans tous les sens (2,500 pieds de vigne par hectare).

Dans le Gard, cet espacement n'est, en moyenne, que de $1^{m}56$ à $1^{m}60$ (4,000 pieds à l'hectare). En Champagne, on compte de 50,000 à 60,000 ceps de vigne à l'hectare, etc.

La plantation peut s'effectuer de trois manières différentes, soit à la *barre de fer*, soit *par fosses*, soit *par tranchée*.

Avec la barre de fer, on fait un trou en enfonçant la

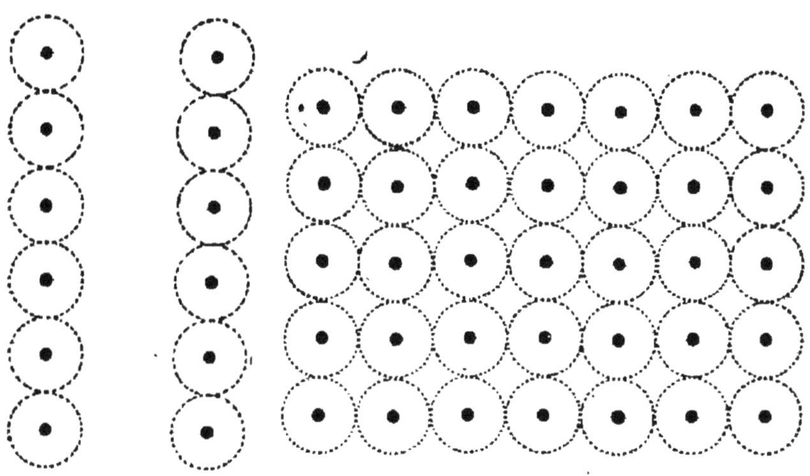

Fig. 121. Fig. 122.

barre dans le sol et on dépose la bouture ou le plant raciné dans ce trou, en l'y fixant par pression.

Quand on emploie la méthode par fosses, on fait des trous de 0m40 de longueur, autant de profondeur et 0m25 de largeur. On y dépose la bouture en la courbant un peu et on la recouvre de terreau et de terre.

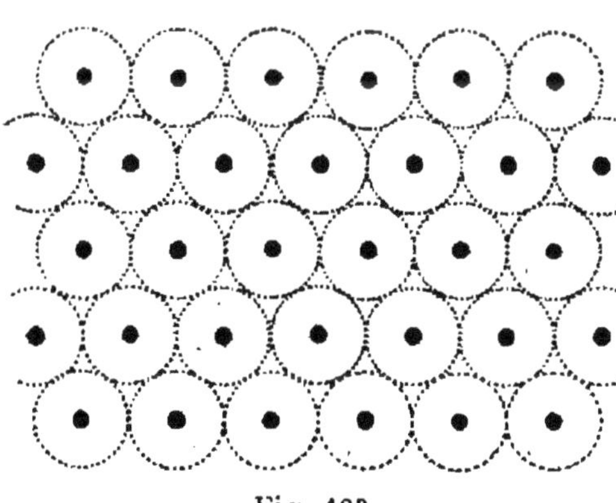

Fig. 123.

Si l'on plante en faisant des tranchées, on les creuse suivant le sens des lignes et on y dépose les plants à la distance déterminée. Pour la reconstitution des vignobles, il est nécessaire de défoncer le sol ainsi que nous l'avons dit précédemment.

Il est bon d'installer près du vignoble une pépinière du

même âge que la vigne, de façon à pouvoir remplacer les pieds manquants et à obtenir une régularité aussi parfaite que possible.

368. **Soins de culture et d'entretien.** — *Première année.* La première année, les soins de culture ne consistent qu'en binages, qu'on doit donner aussi souvent que le besoin s'en fait sentir.

A l'automne, on remplace les manquants avec soin, en prenant les pieds les plus vigoureux de la pépinière.

Deuxième année. En mars suivant, on coupe au ras de terre en laissant un œil franc ; on donne un ou deux labours en mars et juillet et des binages dans l'intervalle de ces deux labours.

Troisième année. A la troisième année, on laisse deux yeux en taillant et, si l'on veut mettre des échalas, c'est à cette époque qu'on doit les placer.

On donne les labours et les binages comme l'année précédente.

Quand on a affaire à un vignoble reconstitué à l'aide de greffes, on peut le soumettre à une taille régulière dans l'année qui suit la plantation. Si le greffage est pratiqué en place, tous les ceps ne sont pas suffisamment vigoureux pour être soumis à une taille uniforme dès la première année.

369. **Taille.** — La taille varie avec les pays, suivant les habitudes des différentes régions. Selon les formes qui sont données aux vignes par la taille, on les divise en deux grandes catégories : les vignes *sans formes régulières* et les vignes *à formes régulières*. Ces dernières se divisent elles-mêmes en vignes basses et en vignes hautes avec ou sans emploi des échalas.

Taille Guyot (fig. 124). — Une des tailles les plus recommandées est celle du docteur Guyot, qui consiste à laisser sur chaque cep une branche à fruits et une branche à bois. La branche à bois doit toujours se trouver au-dessus de la branche à fruits (fig. 124).

Les sarments produits par la branche à bois sont dressés et attachés le long de l'échalas. La branche à fruits est couchée horizontalement et attachée à un fil de fer.

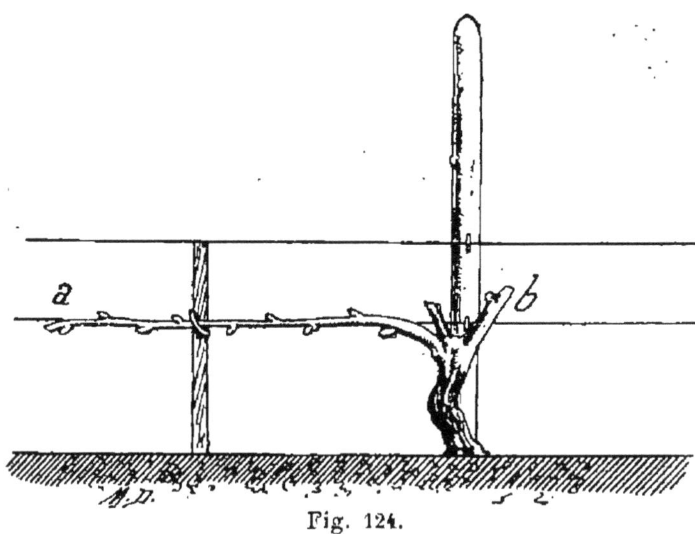

Fig. 124.

Taille Sylvoz. — Dans la taille Sylvoz représentée par la

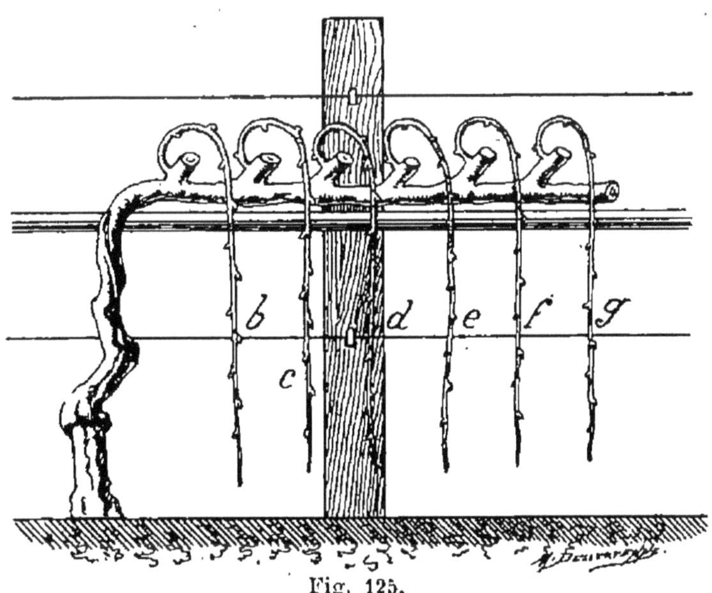

Fig. 125.

figure 125, on arque fortement les longs bois *b*, *c*, *d*, *e*, *f*, *g*. De cette façon, les premiers yeux placés en avant de la courbure se développeront à bois, tandis que ceux placés après se développeront à fruits.

Taille Cazenave. — La taille Cazenave consiste à laisser

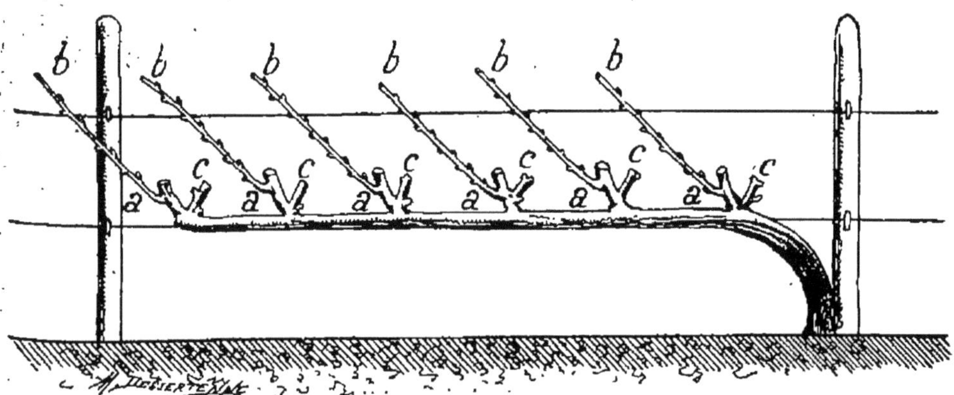

Fig. 126.

des branches à fruits *a*, *b*, et des branches à bois *c*, sur la branche mère.

La taille Guyot, la taille Sylvoz et la taille Cazenave appartiennent à la catégorie des vignes en cordons. Les

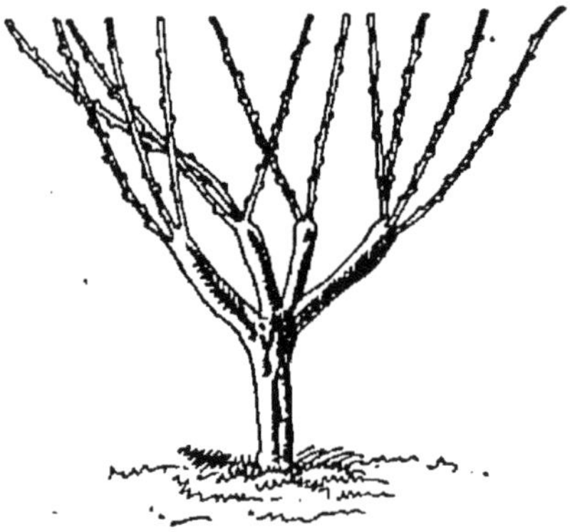

Fig. 127.

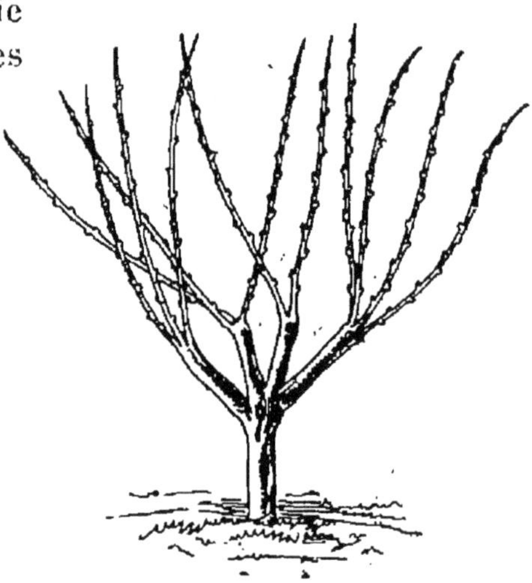

Fig. 128.

autres systèmes de taille se rattachent aux formes *en gobelet* (fig. 127 et 128). Dans la forme *en gobelet*, les branches partent d'un point *o* et divergent en formant entre eux une sorte de vase. Le nombre des bras varie suivant la vigueur du cep.

Dans la taille en espalier, les branches du cep sont symétriques dans un même plan. On recommande ce genre de taille dans les pays où il est nécessaire d'exposer les raisins à l'action du soleil.

370. **Taille des coursons.** — Après avoir étudié

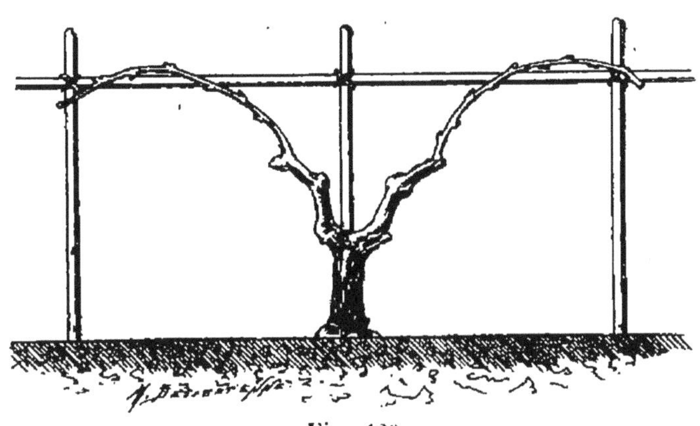

Fig. 129.

les différentes formes représentées par les figures 124 à 130 il reste peu de chose à dire sur la taille des coursons ou branches à fruit. Cette taille se fait *longue* ou *courte*, suivant la vigueur et l'espacement des ceps. Quand les ceps sont vigoureux et largement espacés, on pratique la *taille longue*, c'est-à-dire qu'on laisse plus de trois yeux aux branches à fruits (fig. 129).

Fig. 130.

Quand les vignes sont peu espacées, on pratique la *taille courte;* dans ce cas, chaque courson n'a que deux ou trois yeux (fig. 130).

La taille longue pousse plus à la production des fruits que la taille courte.

Le courson doit toujours être pris sur un rameau de l'année précédente et non sur du vieux bois.

371. **Taille en vert.** — Pendant le cours de la végétation, on peut soumettre la vigne à une autre opération de taille ; cette opération est dite *taille en vert* ou *taille d'été.* Elle comprend l'*ébourgeonnage*, le *pinçage*, le *rognage* et l'*effeuillage.*

L'ébourgeonnage consiste à supprimer les bourgeons qui ne portent pas de fruit et qui ne doivent pas servir à asseoir la taille de l'année suivante.

Le *pinçage* consiste à supprimer avec les doigts l'extrémité des rameaux sur la branche à fruits, quand ils ont dépassé une certaine longueur. La sève est ainsi refoulée vers les parties inférieures, qu'elle nourrit et fait développer plus rapidement. — Vers le mois de juillet, si les sarments ont dépassé la hauteur de l'échalas, on les *rogne* pour empêcher que le vent ne les brise.

L'*effeuillage* consiste dans l'enlèvement d'une partie des feuilles ; il a pour but de faire pénétrer l'air et la lumière dans l'intérieur des ceps. Cette opération a pour effet d'avancer la maturité des raisins ; il faut cependant effeuiller modérément.

372. **Façons culturales.** — Elles consistent en deux labours, l'un de déchaussement en mars et l'autre de rechaussement en juin. En outre de ces deux labours, on doit donner des binages aussitôt que la terre se croûte ou s'enherbe.

Engrais. — On doit de temps en temps apporter des engrais à la vigne pour que le sol ne s'épuise pas.

Si l'on fume tous les trois ou quatre ans, il faudra employer de 30 à 40,000 kilogrammes de fumier à l'hectare. On peut aussi employer des engrais chimiques. Voici dans ce cas quelles sont les quantités à répandre à l'hectare :

Nitrate de soude.	100 à 150	kilogrammes.
Superphosphate de chaux. .	200 à 250	—
Chlorure de potassium . . .	100 à 150	—
Sulfate de chaux.	200 à 300	—

Les engrais potassiques conviennent bien à la vigne ; ils poussent à la production des fruits[1].

373. **Echalassage.** — L'*échalassage* est une opération qui consiste à enfoncer des pieux dans le sol, près des pieds de vigne, de manière à soutenir ceux-ci et à empêcher le contact de leurs rameaux avec la terre. Cette opération a pour but d'exposer le mieux possible le raisin à l'action des rayons solaires et de découvrir le sol afin d'en faciliter l'échauffement. Les échalas employés sont des pieux de longueur variable, suivant le développement que la vigne est susceptible de prendre. Les bois les plus employés pour faire des échalas sont le chêne, le châtaignier et le robinier ou faux acacia. Il est bon, avant de placer les échalas, de les plonger dans un bain de sulfate de cuivre en dissolution dans l'eau. Ce sulfatage en augmente la durée. On pourra également carboniser le pied pour empêcher la pourriture du bois.

Pour diminuer le nombre des échalas, on tend quelquefois des fils de fer sur des piquets, de manière à obtenir une sorte de treillage.

374. **Accolage.** — L'*accolage* est l'opération qui consiste à fixer les rameaux de vigne sur les supports.

On emploie pour cela des liens de paille de seigle, d'osier, de jonc ou de raphia. On opère l'accolage quand les rameaux herbacés ne sont pas trop cassants.

1. D'après M. Zacharewicz, on doit préférer le sulfate de potasse au chlorure de potassium pour la fertilisation des terrains plantés en vigne. Cet expérimentateur a remarqué en faveur du sulfate de potasse, qu'il y avait augmentation en produits et en qualités.

CHAPITRE XXIII

Viticulture (*suite*). — Intempéries, maladies et insectes nuisibles à la vigne. — Vendanges et vinification.

INTEMPÉRIES

375. Les accidents occasionnés par les intempéries sont les *gelées*, la *coulure*, l'*échaudage*, la *pourriture*, le *grêlage* et les *brisures occasionnées par les vents*.

376. **Gelées printanières.** — Les gelées printanières peuvent détruire les jeunes bourgeons en cours de végétation.

On peut combattre l'action des gelées par la formation de nuages artificiels qu'on obtient en faisant brûler des matières goudronneuses. La pratique des nuages artificiels est d'autant plus efficace qu'on opère sur une plus grande surface et que les foyers de combustion sont plus nombreux.

377. **Coulure.** — On donne le nom de *coulure* à l'avortement des fleurs de la vigne, qui tombent sans nouer leur fruit. Ce phénomène peut provenir soit d'une conformation anormale de la fleur, soit de causes accidentelles.

La coulure des raisins se produit le plus souvent quand la température s'abaisse ou par les temps de pluie. On a proposé l'emploi du *pincement* et de l'*incision annulaire* contre la coulure. Les soufrages ont également donné de bons résultats.

378. **Echaudage.** — L'échaudage des raisins se produit par une forte sécheresse et quand la vigne est mal feuillée. Les raisins atteints rougissent dans la partie échaudée et, s'ils sont encore peu développés, ils se dessèchent rapidement. Dans le cas où les grains sont déjà gros, leurs pédicelles se ramollissent et les parties atteintes deviennent rouges, mais ne mûrissent pas.

379. **Pourriture.** — La pourriture arrive à la maturité lorsque le temps est très humide. Pour s'en préserver, il faut aérer le raisin et l'éloigner du sol. A cet effet, on a recours à l'effeuillage et à l'accolage.

380. **Grêlage.** — La grêle peut quelquefois causer des dégâts considérables dans un vignoble, car elle anéantit la production fruitière de l'année et la production à bois pour l'année suivante.

381. **Vents.** — Quand les vents sont violents, ils peuvent briser les jeunes tiges de vigne et compromettre sérieusement la récolte. On devra faire des abris pour y remédier.

MALADIES

382. Les maladies de la vigne sont : la chlorose, le cottis, l'oïdium, le mildiou, l'antrachnose, le black-rot.

383. **Chlorose ou jaunisse.** — La chlorose est une maladie de la vigne qui se manifeste par le jaunissement des feuilles. On la remarque très souvent sur les vignes américaines plantées sur des sols peu colorés, ne contenant qu'une très faible proportion de fer peroxydé. Les vignes françaises sont également atteintes par la chlorose, mais dans des proportions beaucoup moindres. Cette maladie peut également être causée par l'appauvrissement du sol.

L'emploi du sulfate de fer a été préconisé pour le traitement de la chlorose. On fait dissoudre 5 kilogrammes de sulfate de fer dans 100 litres d'eau et on met 2 à 3 litres de la dissolution par pied de vigne malade. L'emploi d'engrais chimiques azotés (nitrate de soude et sulfate d'ammoniaque) est également recommandé.

384. **Cottis.** — Le *cottis* ou *pousse en ortille* est une altération caractérisée par l'aspect buissonneux que prend le cep; les rameaux restent courts, les feuilles se recroquevillent et passent de la couleur verte à l'étiolement blanchâtre. On recommande le traitement au sulfate de fer, comme pour la chlorose.

385. **Oïdium.** — *L'oïdium* ou *suète* est une maladie qui se manifeste sur la vigne par des efflorescences d'un gris terne. Ces efflorescences se montrent sur les rameaux, sur les feuilles, sur les fleurs et sur les fruits et font place au bout de quelque temps à des taches de couleur noirâtre. Les grains atteints se rident et se fendillent, puis ils se dessèchent et tombent. C'est sous l'influence d'une température chaude et humide que l'oïdium se développe avec le plus d'intensité. Cette maladie est due à un champignon; elle peut être traitée par l'emploi du soufre en poudre qu'on répand sur la vigne à l'aide d'un soufflet ou d'un sablier.

386. **Mildiou ou mildew.** — Cette maladie s'attaque aux feuilles qu'elle fait tomber; elle est due à un champignon.

Le mildiou se manifeste par des taches blanches, de forme irrégulière, qui se montrent sur la face inférieure des feuilles. A la face supérieure, correspondent d'abord des taches jaunâtres qui prennent peu à peu la couleur et la consistance de feuilles mortes. Au bout d'un certain temps, les feuilles se dessèchent et tombent. Si la maladie est enrayée, les premières taches seules se dessèchent et sont finalement remplacées par des trous dans le tissu.

Le mildiou attaque quelquefois les grappes et les jeunes rameaux, mais c'est exceptionnel.

Les effets du mildiou sont désastreux, lorsque la maladie sévit avec intensité. Les feuilles se dessèchent et tombent avant la saison ordinaire et le raisin ne peut arriver à maturité. D'autre part, les sarments ne mûrissent pas, ce qui compromet très sérieusement les récoltes ultérieures.

Un assez grand nombre de procédés ont été préconisés pour le traitement de cette maladie; ils reposent presque tous sur l'emploi du sulfate de cuivre.

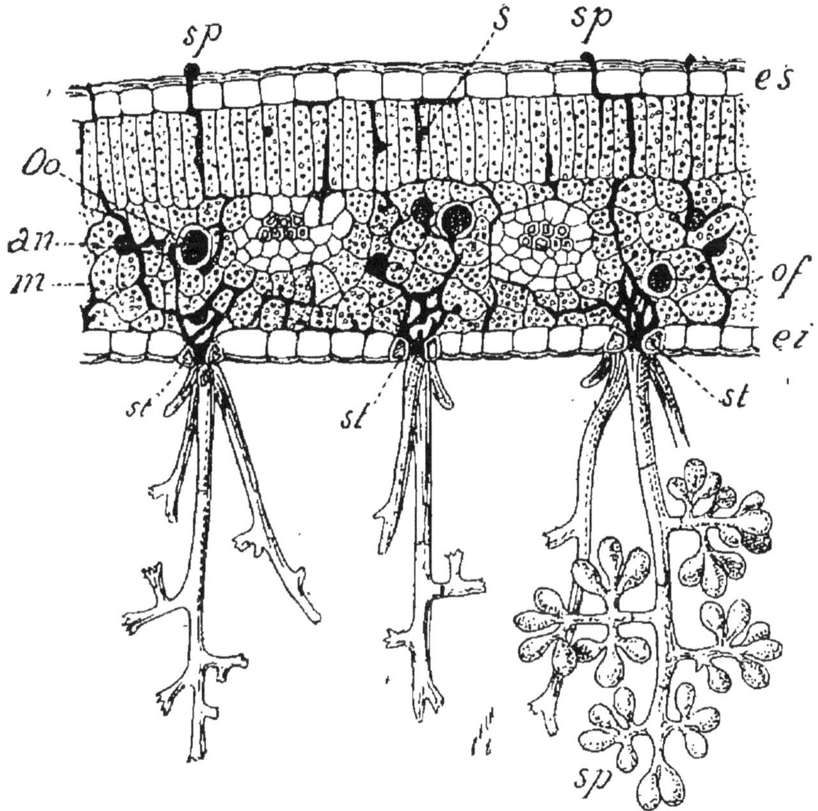

Fig. 131. — Mildiou : *m*, mycelium du parasite entre les cellules du tissu d'une feuille de vigne; *s*, suçoirs : *st*, stomates; *sp*, ramifications qui portent les spores.

Formules diverses employées pour le traitement du Mildiou :

Bouillie bordelaise forte.	Faire dissoudre 6 kilogrammes de sulfate de cuivre dans 100 litres d'eau et mélanger la dissolution avec un lait de chaux obtenu en faisant éteindre 8 kilogrammes de chaux grasse dans 15 litres d'eau. Il faut agiter le mélange avant de s'en servir.

Bouillie bordelaise faible.	On réduit la quantité de sulfate de cuivre à 1 kilogramme ou 1 kilogr. 500; on ne met aussi que 500 à 600 grammes de chaux. Les quantités d'eau sont les mêmes que pour la bouillie forte.

Les traitements doivent être faits préventivement, c'est-à-dire avant que la maladie apparaisse; il faut en faire trois ou quatre pendant la végétation.

Le premier traitement doit être opéré du 15 mai au 1er juin. On en fait un second un mois et demi plus tard; le dernier doit avoir lieu environ trois semaines avant les vendanges.

Pour répandre les solutions cupriques, on se sert d'instruments spéciaux appelés pulvérisateurs (fig. 132).

Fig. 132. — Sulfatage des vignes.

On emploie aussi des poudres à base de sulfate de cuivre pour le traitement du mildiou. Les résultats obtenus avec ces poudres ont été moins efficaces que ceux obtenus avec les liquides.

387. **Anthracnose.** — Cette maladie est produite par un champignon; on la nomme aussi *rouille noire*. Elle se manifeste par des taches noires sur toutes les parties vertes du cep : jeunes rameaux, nervures des feuilles, raisins verts.

L'anthracnose détermine le rabougrissement des sarments, le recoquillement des feuilles et la cessation de la croissance du raisin.

Les remèdes à employer contre l'anthracnose sont : la chaux, le soufre et le sulfate de fer.

La chaux est répandue en poudre sur les vignes pendant l'été.

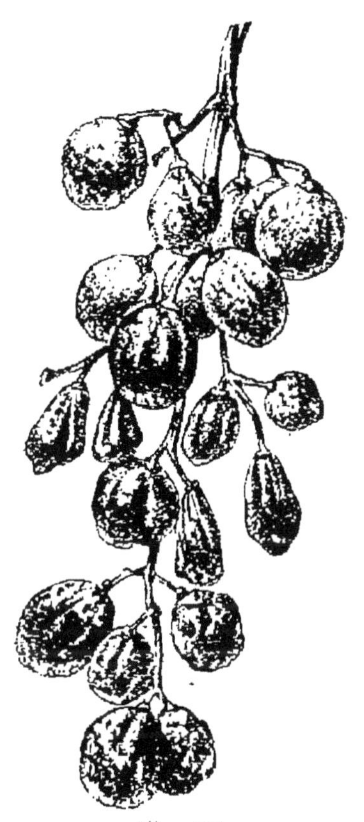

Fig. 133.
Raisin attaqué par le black-rot.

Le soufre s'applique en poudre aussitôt l'apparition du champignon; on renouvelle l'opération tous les huit à dix jours jusqu'à cessation de la maladie.

Le sulfate de fer s'emploie en dissolution. On dissout 2 kilogrammes de ce sel dans 4 litres d'eau et on badigeonne les souches avec cette liqueur, à la fin de l'automne ou pendant l'hiver.

388. **Black-rot ou rot.** — Cette maladie, due aussi à un champignon, atteint le raisin, le perfore, le dessèche et le rend impropre à tout emploi. Elle se développe également sur les rameaux verts et sur les feuilles et elle s'y manifeste par de petites taches brunes.

On recommande l'emploi de la bouillie bordelaise pour le traitement du black-rot.

INSECTES NUISIBLES

389. Les parasites animaux qui s'attaquent à la vigne sont très nombreux. Nous avons déjà fait connaître plusieurs d'entre eux; l'eumolpe, appelé encore gribouri ou écrivain; la pyrale, le rhynchite ou attelabe, et le plus terrible de tous, le phylloxera (voir Cours de première année, chapitre XXXI, nos 304-309). On peut encore

mentionner l'érinose, l'altise, la cochylis, les mollusques.

390. **Erinose.** — On a cru longtemps que la maladie, dont souffre la vigne atteinte par l'érinose, était due à un champignon. On a reconnu que l'érinose est un insecte.

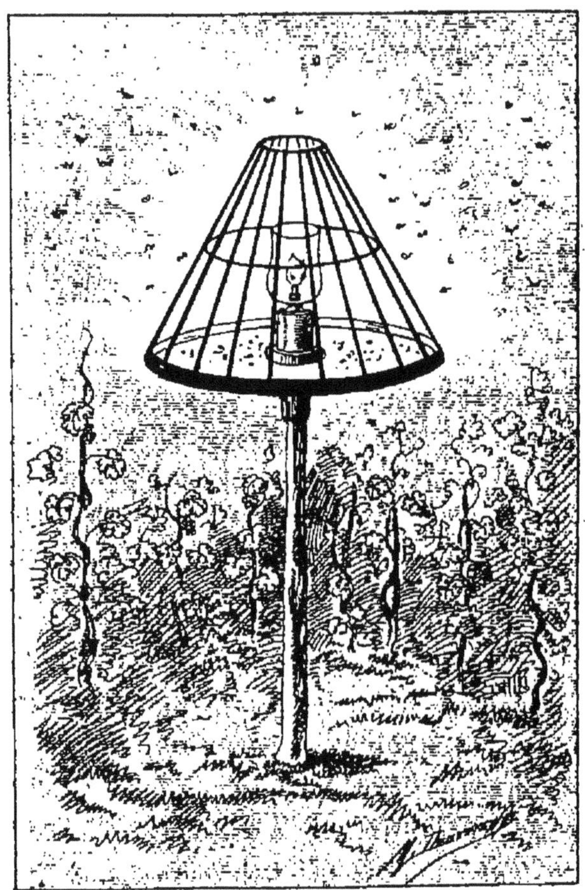

Fig. 134. — Piège à cochylis.

Ses piqûres font boursoufler les feuilles et entravent la circulation de la sève.

On recommande le soufrage contre l'érinose.

391. **Altise.** — L'altise de la vigne ronge à l'état larvaire l'épiderme des feuilles, des grappes et des sarments.

Pour détruire les altises, on les capture comme les gribouris, au moyen d'entonnoirs ou bien on promène au-dessus des ceps une planche goudronnée sur laquelle l'insecte vient s'engluer.

392. **Cochylis.** — La cochylis est un papillon de couleur jaune paille, dont les ailes supérieures sont traversées par une large bande brun-foncé; les ailes inférieures sont de couleur gris-clair. Les larves de la cochylis dévorent les grains de raisin.

Pour la détruire, on emploie l'échaudage et les pièges à cochylis enduits de glu (fig. 134).

393. **Mollusques.** — Les escargots et les limaces consomment une assez grande quantité de raisins mûrs. Il faut donc en détruire le plus grand nombre possible.

VENDANGES ET VINIFICATION

394. **Epoque des vendanges.** — La récolte des raisins se fait en France en septembre ou en octobre, suivant qu'ils ont mûri plus ou moins rapidement.

On reconnaît la maturité du raisin aux signes suivants : le pédoncule de la grappe devient jaune; la grappe est pendante. Les grains ont la peau mince, ils s'enlèvent facilement; ils sont savoureux, doux et gluants à la main.

395. **Cueillette et foulage.** — Les raisins sont détachés à la main, avec le moins de secousses possible et mis dans des paniers ou dans des baquets étanches. Des hommes parcourent la vigne, munis de hottes, dans lesquelles on verse le contenu des paniers, qui est ensuite porté à la cuve.

Avant d'être mis à la cuve, les raisins doivent être écrasés sous les pieds, ou mieux encore au moyen d'un instrument spécial appelé *fouloir*. Quand on veut faire des vins blancs avec des raisins rouges, on ne recueille que le jus, car la matière colorante est localisée dans la peau des grains de raisins. La pulpe est mise à part et sert à faire des piquettes. — Pour la fabrication de certains vins, on fait précéder le foulage d'une autre opération, qui a pour but de séparer les grains de la râfle qui les porte. Cette opération se nomme *égrappage* : on la pratique souvent avec une fourche à trois dents, bien qu'il existe des égrappoirs mécaniques. Dans le cas où l'on pratique l'égrappage, le vin contient moins de tanin ; il est moins astringent.

396. **Cuves à fermentation.** — Une fois égrappés et foulés, les raisins sont mis dans la cuve à fermentation ; c'est là où le jus ou *moût* se transformera en vin.

Le jus de raisin renferme du sucre, des matières azotées, du tanin, des sels et quelques principes colorants. La fermentation de ce liquide entraîne la transformation du sucre en alcool et en gaz carbonique, avec une faible proportion de glycérine et d'acide succinique. Pour que la fermentation puisse se produire, il faut la présence de germes spéciaux ou ferments et une température convenable : environ 20 degrés centigrades. Ces ferments ou levures sont des végétaux d'une nature particulière ; ils tranforment le sucre en alcool et en gaz carbonique.

Les cuves à fermentation sont cylindriques ou en tronc de cône ; elles sont faites en bois de chêne ou de châtaignier ou même en maçonnerie étanche. Leurs dimensions sont très variables ; la moyenne est de 35 à 40 hectolitres. On doit remplir les cuves avec rapidité, de manière que tout le jus fermente en même temps.

Lorsque la température est convenable, la fermentation se fait très rapidement et de grandes quantités de gaz carbonique se dégagent en faisant monter à la surface les matières étrangères au jus. Ces matières se rassemblent en une masse qu'on appelle *chapeau*. Lorsque la fermentation est très active, il y a danger à descendre dans les cuves : on peut être asphyxié par le gaz carbonique, qui se dégage en grande quantité. Au bout de sept à huit jours, la fermentation est arrêtée ; on brise le chapeau pour le faire plonger dans le liquide et on remue la masse à l'aide d'une perche.

La fermentation reprend alors, mais ne dure que quelques jours, après lesquels on transvase le vin dans des tonneaux.

Au lieu de laisser le chapeau flotter librement dans la cuve, il vaut mieux l'immerger en se servant pour cela d'un cadre en bois à claire-voie, plus étroit que la cuve. Ce cadre maintient les râfles dans le liquide et rend la macération complète.

Pour rendre le cuvage plus parfait et plus complet, les viticulteurs ont imaginé des cuves à étages qui permettent de faire alterner les couches de marc et de liquide.

397. **Décuvage.** — La meilleure manière de décuver le vin est de placer un robinet en bois ou en métal à la partie inférieure des cuves. On peut ajouter au robinet un tuyau en caoutchouc et le liquide vient alors remplir les tonneaux, sans qu'on soit obligé de transvaser.

On ne devra remplir les tonneaux qu'aux quatre cinquièmes environ, car la fermentation s'y continue encore pendant un certain temps. Les tonneaux sont laissés débouchés ou garnis d'une bonde hydraulique, ou bien encore on place une feuille de vigne sur l'ouverture et on met un peu de sable par-dessus. Le vin ainsi obtenu est appelé *vin de goutte;* il est de première qualité. Le vin soutiré laisse un résidu dans la cuve; ce résidu porte le nom de *marc;* il contient encore une certaine quantité de liquide qu'on peut extraire à l'aide d'un pressoir. Le deuxième vin ainsi obtenu est appelé *vin de presse;* il est de deuxième qualité. On peut obtenir un troisième liquide vineux en ajoutant de l'eau au marc pressé et en le soumettant de nouveau à l'action du pressoir. Ce nouveau liquide porte le nom de *piquette.* On peut faire des *vins de sucre*, en ajoutant au marc une certaine quantité de sucre, après le décuvage. La proportion de sucre à ajouter varie suivant le degré alcoolique qu'on veut atteindre. Il faut 1^{k} 700 de sucre pour donner un degré d'alcool à un hectolitre d'eau. On peut aussi soumettre le marc à la distillation, pour obtenir ce qu'on appelle des *eaux-de-vie de marc.*

398. **Ouillage.** — Il faut remplir les tonneaux au bout de quelques jours de fermentation, après décuvage.

Après ce remplissage, il ne faut pas cesser de veiller le vin, car il y a encore des réactions qui se produisent dans l'intérieur de la masse, réactions qu'il faut régler autant que faire se peut.

On devra avoir soin de mettre le liquide à l'abri du contact de l'air et à cet effet il faudra remplir avec régularité le vide qui se produit par évaporation et dégagement du gaz carbonique. Il faut d'abord remplir *(ouiller)* tous les jours, ensuite tous les deux jours, puis à des intervalles de plus en plus éloignés jusqu'au soutirage.

399. **Soutirage.** — Le soutirage s'opère de quatre manières différentes : 1° *au robinet* ou *à la cannelle* ; 2° *au siphon;* 3° *au boyau adapté à la cannelle;* 4° *à la pompe.*

On doit soutirer par un temps sec et assez froid; il faut éviter de soutirer par un temps orageux. Il ne faut jamais soutirer aux époques de pousse des bourgeons ou de floraison de la vigne, car le vin *travaille* à ces différents moments, ainsi que l'ont remarqué les vignerons depuis fort longtemps.

Le premier soutirage se pratique en général à la fin de décembre et le deuxième, trois mois plus tard, c'est-à-dire en mars.

Si l'on a affaire à des vins ordinaires, on se contente de deux soutirages; pour les vins fins, on soutire encore en juillet ou en août.

400. **Collage.** — Cette opération consiste à ajouter au liquide une substance qui précipite les matières en suspension. Ces matières peuvent nuire à la conservation du vin ou en altérer le bon goût.

Les substances employées pour le collage sont : la gélatine, le blanc d'œuf, le sang. Il faut 15 à 20 grammes de gélatine par hectolitre de vin ou deux blancs d'œufs pour la même quantité. Si l'on emploie le sang, il en faut 1 à 2 décilitres par hectolitre de vin à coller. On pratique le collage avant de soutirer. Toutefois on ne colle jamais avant de procéder au premier soutirage.

401. **Maladies des vins.** — Les vins sont sujets

à un grand nombre de maladies dues au développement de mycodermes spéciaux, dont les germes ont été introduits d'une manière quelconque dans le liquide.

Un excellent moyen pour empêcher le développement de ces mycodermes est de chauffer le vin pendant quelques minutes, à 60 degrés centigrades. Les germes des maladies du vin ne peuvent résister à cette température[1].

1. Sur cette question de la fabrication du vin, voir dans la *Bibliothèque des Ecoles primaires supérieures*, la Chimie de M. Poiré, cours de Deuxième et Troisième Années, nos 369 à 380.

CHAPITRE XXIV

Cultures arbustives et fruitières (*suite*).

402. **Pommier à cidre.** — La culture du pommier forme une branche très importante de l'exploitation rurale dans la Normandie, la Bretagne et la France septentrionale.

On divise les variétés de pommes à cidre en trois catégories, d'après leur saveur :

1° *Pommes amères,* 2° *pommes douces,* 3° *pommes acides.* On les divise également, d'après l'époque à laquelle elles arrivent à maturité, en : 1° *pommes de première saison* ou *précoces,* 2° *pommes de deuxième saison,* 3° *pommes de troisième saison* ou *tardives.*

Les pommes amères, douces et acides se trouvent mélangées en quantités variables, suivant les pays, dans les variétés de première, deuxième et troisième saison.

Les pommes de première saison mûrissent d'août en septembre ; elles fournissent un cidre de qualité inférieure, qui se conserve assez difficilement. Dans cette classe, les variétés *doux-amer, doux-sucré* et *blanc mollet* sont réputées les meilleures.

Les pommes de deuxième saison fournissent un meilleur cidre que les pommes précoces ; elles mûrissent en octobre. On signale comme les meilleures : le *gros muscadet,* le *fréquin rouge,* la *rouge bruyère,* la *margot,* la *paradis vraie,* la *gros œil,* la *pomme de Cat* et la *rayée rouge.*

Les pommes de troisième saison fournissent le meilleur cidre comme goût et celui qui se conserve le mieux. On apprécie partout les variétés suivantes : *peau de vache*, *bédan*, *martin-fessart*, *argile grise*, *amer-doux*, etc.

On doit proscrire les pommes acides de la fabrication du cidre, ou, si on les emploie, il ne faut le faire qu'avec beaucoup de ménagement.

Le meilleur cidre de conserve est obtenu par le mélange de deux tiers de pommes amères pour un tiers de pommes douces.

La nature du sol, sur lequel les pommiers sont cultivés, exerce une réelle influence sur la qualité du cidre. Les sols les plus favorables sont les sols légers, caillouteux, bien assainis; les sols argileux et humides donnent des produits inférieurs.

403. **Multiplication des pommiers.** — Le pommier se multiplie par semis. Pour se procurer de jeunes pommiers, on prend des pépins dans le marc de pommes, avant qu'il soit acide. Les pépins sont choisis parmi les plus gros; ils doivent être de couleur noire et très lisses de peau. Lorsqu'ils ont été récoltés, on les met à *stratifier* dans du sable jusqu'au moment du semis. Quelques cultivateurs se contentent de prendre du marc de cidre, qu'ils répandent en couches minces sur une terre bien labourée et dressée au râteau. Cette méthode est plus simple, mais moins parfaite que la première, car il n'y a aucune sélection dans les pépins et tout est semé au hasard.

On peut semer en novembre ou décembre, si le terrain est sec; en février ou mars, si le sol est humide. Les jeunes pommiers lèvent en grande quantité; les seuls soins qu'ils exigent sont des binages et des sarclages. La transplantation des pommiers de semis se fait en pépinière, dans les derniers jours d'automne et au commencement de l'hiver. Ils doivent être placés en lignes espacées de $0^{m}80$ à 1 mètre et on doit laisser entre eux la même distance d'un arbre à l'autre. Si la pépinière est établie sur un sol riche; on coupe le jeune plant à 0m04 ou 0m05 de terre dès la première année. Si la terre est pauvre, on fera mieux de retarder cette opération d'une année.

404. **Entretien.** — Les façons d'entretien de la pépinière consistent à donner un labour à la bêche vers la fin de l'hiver; à biner et à sarcler, pour maintenir le sol net de mauvaises herbes, pendant le courant de l'été.

Il est bon de rogner légèrement le pivot des jeunes plantes, en les repiquant dans la pépinière. On facilite ainsi le développement de racines latérales, qui procurent la reprise des arbres, quand on les transplante à demeure.

Autant que possible, le sol sur lequel on établit une pépinière aura été défoncé à la bêche ou à la charrue et enrichi par l'apport de terreau ou de fumier bien décomposé.

Lorsqu'on peut se procurer des feuilles, on en couvre le sol de la pépinière, ce qui empêche les herbes de pousser et maintient le terrain plus meuble et plus frais, tout en fournissant un peu de matières alimentaires.

405. **Taille. Transplantation.** — Le pommier doit être taillé chaque année dans la pépinière, de manière à prendre une forme régulière. L'émondage des branches se fera graduellement et on retranchera toutes celles qui tendraient à trop se développer.

Lorsque l'arbre est arrivé à une hauteur de 2 mètres, on coupe l'extrémité de la tige, de manière qu'il puisse former une tête. C'est aussi à cette époque qu'on supprime les branches qui avaient été conservées sur le tronc, pour y arrêter la sève. Quand les pommiers ont de 0m10 à 0m15 de tour, on peut les transplanter à demeure dans les champs ou dans les vergers. En les enlevant de la pépinière, on doit prendre garde de ne pas détruire trop de racines, car on diminuerait beaucoup la vigueur de l'arbre.

En replantant les pommiers, on les fumera abondamment avec du fumier de ferme bien décomposé, ou bien encore on pourra mettre à la place du fumier de vieux chiffons de laine, des cornes ou des débris animaux.

406. **Greffage.** — L'année suivante, si les arbres ont bien repris, on peut les greffer. Si la reprise des arbres s'était effectuée avec lenteur, on attendrait la deuxième et même la troisième année pour opérer le greffage.

Le pommier se greffe le plus généralement en fente. Voici comment on opère. On coupe la tige du jeune arbre à une hauteur de 2 mètres environ, au moyen d'une petite scie à main. La section à la scie n'est pas faite indifféremment sur tel ou tel point; on doit choisir au contraire une partie où l'écorce est saine et dégarnie de nœuds.

La coupe faite à la scie devra être rafraîchie à la serpette, car la plaie se guérit ainsi bien plus facilement. Le sujet sera ensuite fendu par le milieu et on maintiendra la fente ouverte, au moyen d'un coin en bois dur et sec.

D'un autre côté, les greffons seront taillés en lame de couteau et on les introduira dans la fente, en ayant soin de mettre en contact les couches génératrices du sujet et du greffon. Le greffon doit être pris sur un rameau de l'année précédente et, autant que faire se peut, sur un arbre ayant déjà produit et réputé comme très fertile.

Lorsque le sujet est assez gros, on met deux greffons; s'il est petit, on se contente d'en mettre un seul.

Lorsque l'opération est terminée, on enlève le coin et on lie la tête du sujet avec de l'osier, de la corde, du jonc, du raphia ou des bandes de toile goudronnée, pour maintenir le greffon dans la fente. Quelquefois il est inutile de lier, car le sujet serre suffisamment le greffon.

On enduit ensuite la tête du sujet avec un mélange d'argile et de bouse de vache (onguent de Saint-Fiacre), ou mieux encore on emploie le mastic Lhomme-Lefort.

On peut également se servir d'une cire à greffer, dont voici la composition :

Cire jaune.	100	grammes.
Résine.	100	—
Térébenthine	200	—

On fait fondre le tout à petit feu dans un vase de terre et on le coule en pain dans un moule en papier.

Pour employer ce mélange, on l'étend en lames minces avec les doigts, qu'on a le soin de mouiller préalablement avec de l'eau ou de la salive pour empêcher l'adhérence. Cette cire à greffer s'emploie à froid.

Le greffon fournit les branches mères qui forment la tête du pommier; on ne conserve que trois ou quatre de ces branches mères, en donnant autant que possible à l'arbre la forme d'un gobelet.

Quand l'arbre est greffé, les soins d'entretien ne consistent plus qu'à enlever le gui qui pousse sur les branches. On doit également couper le bois mort, qui peut se trouver à l'intérieur ou à l'extérieur de l'arbre, et racler les mousses et les lichens qui poussent sur le tronc et les branches

407. **Ennemis du pommier.** — Les principaux ennemis du pommier sont : l'anthonome, l'yponomeute ou teigne et la chématobie hiémale.

Anthonome. — L'anthonome est un petit charançon de couleur brune. Le bout de ses élytres est marqué d'une petite bande blanche placée obliquement.

En avril et mai il se répand sur les pommiers, perce avec son bec les fleurs encore en boutons et dépose un œuf dans chacune. La larve est éclose une huitaine de jours après; elle ronge la fleur et ne respecte que l'enveloppe extérieure. La fleur ne peut s'épanouir; elle prend en se desséchant l'aspect d'un clou de girofle.

Yponomeute. — L'yponomeute ou teigne du pommier est un papillon de couleur blanche, dont les ailes antérieures portent trois rangées de points noirs. Ce papillon dépose ses œufs sur les écorces dans le courant de l'été; les œufs éclosent au printemps suivant et donnent naissance à de petites chenilles de couleur gris clair. Les chenilles d'une même ponte se tissent une toile commune et elles rongent les feuilles. On recommande l'échenillage contre la teigne du pommier.

Chématobie hiémale. — La chématobie est un papillon gris noirâtre à abdomen très développé. La femelle pond environ 200 œufs qu'elle dépose sous le lichen qui

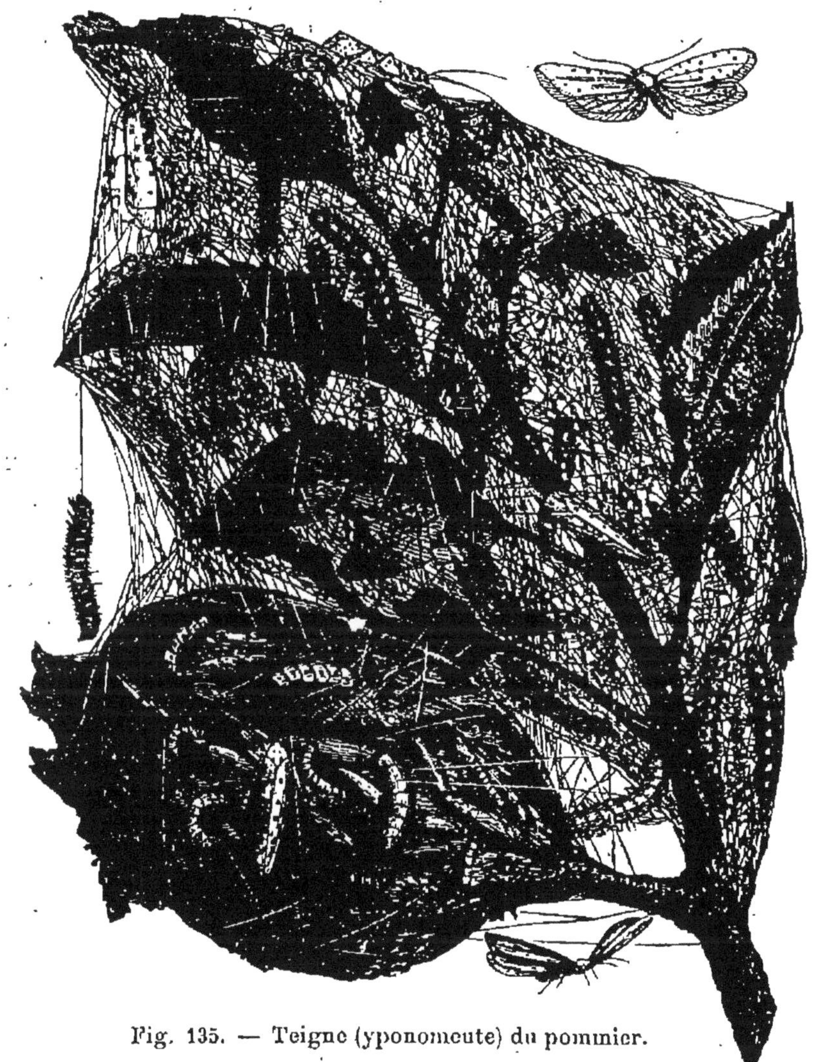

Fig. 135. — Teigne (yponomeute) du pommier.

recouvre l'écorce de l'arbre. L'éclosion des œufs a lieu du 10 avril au 20 mai. A leur naissance, les chenilles ont un millimètre de longueur et sont de couleur noirâtre. Elles choisissent chacune un bourgeon ; elles le percent et le dévorent; plus tard elles se nourrissent des feuilles tendres et des boutons à fleurs.

Contre la chématobie on recommande l'emploi de bandes de papier goudronné dont on entoure le tronc des pommiers. Papillons et chenilles ne peuvent franchir l'obstacle qu'on leur oppose.

FABRICATION DU CIDRE

408. Pour obtenir un bon cidre, on doit récolter les pommes avec soin, de peur qu'elles ne se gâtent avant d'être employées.

Avant la récolte, il faut ramasser toutes les pommes tombées naturellement des pommiers, afin d'en faire un cidre de qualité inférieure, que l'on consomme le premier.

Lorsque les fruits sont bien mûrs, ce qu'on reconnaît à leur bonne odeur et à la couleur noire des pépins, on les fait tomber, en montant dans les pommiers pour les secouer. Il ne faut jamais employer la gaule, car on détruit de nombreux boutons à fruits et une quantité assez considérable de petites branches, ce qui affaiblit notablement les arbres sur lesquels on opère le gaulage.

On choisira, autant que possible, un très beau temps pour récolter les fruits, car, lorsqu'il pleut, la terre adhère aux pommes et il devient dès lors plus difficile de les conserver.

Les pommes récoltées devraient être mises sous des hangars à l'abri de la pluie; il n'en est pas ainsi malheureusement, car la plupart du temps elles sont déposées sur l'aire qui a servi au battage des céréales. Ce procédé est fâcheux; les fruits étant exposés à l'action des pluies perdent une quantité assez notable de sucre et la richesse alcoolique du cidre en est diminuée d'autant.

La fabrication du cidre comprend plusieurs opérations successives : 1° le *broyage des pommes;* 2° le *cuvage de la pulpe;* 3° le *pressurage;* 4° la *fermentation du moût;* 5° le *soutirage du cidre.*

409. **Broyage des pommes.** — Différents instru-

ments sont employés pour le broyage des pommes. Le plus ancien de ces instruments est le *tour à piler*. Cet instrument se compose d'une auge circulaire, dans l'intérieur de laquelle roule une meule en pierre ou en bois. Les fruits sont écrasés par la meule et quelque peu réduits en bouillie. Cet outillage, qui demande beaucoup de place, tend à être remplacé par les moulins à cylindre qui tiennent peu de place et exécutent rapidement le travail.

Si l'on cherche à obtenir du cidre de bonne qualité, il faut prendre garde de ne pas écraser les pépins; si l'on veut faire du cidre pour distillation, il y a au contraire avantage à les écraser. Les pépins contiennent des huiles essentielles qui donnent mauvais goût au cidre, mais qui développent un arome particulier dans les eaux-de-vie.

410. **Cuvage de la pulpe.** — Lorsque les pommes ont été broyées, la pulpe obtenue est recueillie dans des cuveaux où elle séjourne de 12 à 15 heures. Pendant ce séjour dans le cuveau, la pulpe subit un commencement d'oxydation, qui lui donne une couleur jaunâtre, couleur qui se transmet au moût.

On a l'habitude d'ajouter de l'eau à la pulpe pour faire des cidres de consommation courante; cette eau doit être mise dans les cuveaux en même temps que la pulpe.

De cette façon, le liquide qu'on ajoute a le temps de se charger des matières sucrées et des principes aromatiques que les fruits contiennent.

411. **Pressurage**. — Le pressurage a pour but d'enlever à la pulpe le liquide sucré qu'elle contient. Pour cela, on place la pulpe sur la maie du pressoir, en la disposant en couches successives qu'on sépare par des lits de paille ou par des claies en crins ou en bois de hêtre.

La paille qu'on dispose ainsi empêche la pulpe de se tasser trop fortement et elle draine en quelque sorte la masse de pulpe soumise à la pression. Les claies ont la même action que la paille.

La forme des anciens pressoirs laisse beaucoup à désirer, à plusieurs égards. Les énormes pièces de bois qui les composent sont difficiles à manœuvrer, exigent beaucoup de force et donnent un faible rendement. Ces anciens pressoirs sont aujourd'hui remplacés presque partout par des pressoirs semblables à ceux qu'on emploie pour le vin. Lorsque le pressurage est en partie terminé, on doit diminuer la vitesse de la pression; au début, on peut opérer aussi rapidement que possible sans inconvénient.

Le cidre obtenu sans eau est dit *cidre pure goutte* ou *cidre mère goutte;* il est le meilleur et se conserve le plus longtemps.

Le marc de pommes qui a servi à obtenir le cidre *pure goutte* peut être traité avec une certaine quantité d'eau, qui enlève une partie des principes sucrés qu'il contient. Le liquide sucré ainsi obtenu peut donner par fermentation un cidre d'assez bonne qualité.

Lors même que le premier cidre aurait été fait avec addition d'eau au marc, on pourrait encore obtenir un petit cidre très léger, en remettant le marc déjà pressé dans des cuves, avec une certaine quantité d'eau. Le cidre ainsi obtenu ne se conserve pas bien.

Le marc de pommes peut être donné en nourriture aux animaux; on peut aussi l'employer comme engrais.

412. **Fermentation du moût.** — Lorsque le moût des fruits est extrait par pression, on doit l'entonner dans des fûts très propres. Si ces fûts avaient un goût acide, on pourrait employer le lavage à l'eau de chaux pour enlever l'acidité.

Chaque tonneau devra être complètement rempli et on devra laisser la bonde ouverte pour laisser échapper quelques produits de la fermentation (dégagement de gaz carbonique et évacuation d'une mousse brunâtre). On pourra remplacer le bondon du tonneau par une feuille de vigne ou toute autre feuille suffisamment large, sur laquelle on mettra une poignée de sable. On aura le soin de maintenir les futailles toujours bien pleines, pendant la première fermentation, de manière que toutes les matières étrangères puissent être rejetées par la bonde.

413. **Soutirage du cidre.** — Après cinq ou six semaines, quand la première fermentation a cessé et que la grosse lie est tombée, on soutire le cidre, en remplissant bien les futailles dans lesquelles on le met, puis on les bonde, aussi bien que possible. Si l'on veut conserver au cidre un goût agréable, il faut le soutirer encore une ou deux fois.

414. **Cidre mousseux.** — Le cidre mousseux s'obtient en mettant immédiatement en bouteilles, après la fermentation du cidre de mère goutte. Les bouteilles sont bouchées hermétiquement et les bouchons consolidés par du fil de fer ou de la ficelle.

MALADIES DU CIDRE

415. Le cidre est sujet à certaines maladies qui sont la conséquence, soit de la mauvaise qualité des fruits, soit des procédés défectueux de fabrication ou de conservation.

416. **Acidité.** — L'acidité des cidres peut avoir deux causes :

1° L'emploi de fruits aigres ou de fruits insuffisamment mûrs.

2° La transformation de l'alcool en vinaigre (acide acétique), par suite d'un trop long contact du liquide avec l'air.

Lorsque l'acidité est due à l'emploi de fruits aigres ou de fruits insuffisamment mûrs, on peut corriger l'acidité en ajoutant au cidre 100 grammes de sel végétal, ou tartrate de potasse, par hectolitre.

Quand l'acidité est due à la transformation de l'alcool en acide acétique, on peut faire disparaître cette aigreur en mettant une pincée de bicarbonate de soude par litre de cidre, au moment de le boire. L'acidité disparaît ainsi, mais il reste un liquide plat, sans aucune force alcoolique.

L'emploi de l'huile à la surface des tonneaux en vidange est un remède préventif contre l'acidité des cidres.

417. **Cidre trouble.** — Le défaut de limpidité des cidres peut tenir à deux causes principales.

La première peut être le résultat d'une fermentation incomplète, qui laisse subsister dans le cidre une proportion insolite de sucre non transformé. Ce sucre, sous l'influence des ferments, accomplit sa transformation au sein du liquide ; des bulles de gaz carbonique se dégagent continuellement et troublent la liqueur, en mettant en mouvement les matières solides qu'elle tient en suspension. Il faut dans ce cas provoquer une nouvelle fermentation en ajoutant du sucre ou de la cassonade (1 kilogramme de sucre ou de cassonade étendu dans 8 ou 10 litres de boisson déjà ancienne par fût de 6 hectolitres). Après fermentation, le trouble disparaît.

La cause la plus fréquente du trouble des cidres tient à ce qu'ils ne contiennent qu'une proportion de tanin insuffisante pour coaguler les substances albumineuses qui se trouvent dans la liqueur. On peut d'ailleurs s'assurer de la pénurie du tanin, en mettant dans un tube de verre blanc ou dans un flacon allongé une petite quantité de cidre, à laquelle on ajoute quelques centigrammes de tanin. Après quelques heures de repos, on a au fond du verre un dépôt cohérent et le liquide qui surnage est clair et brillant.

Ce deuxième cas se présente dans les cidres non soutirés et non collés. Il suffira de soutirer et de coller ensuite, pour obtenir un cidre limpide.

418. **Graisse.** — La graisse est due au développement de ferments déliés et filamenteux ; le cidre devient filant et gras. On combat cette maladie par l'emploi de 25 grammes de cachou ou de noix de galle par hectolitre de cidre.

Quelquefois on remplace ces substances par de l'alcool, à la dose de $^1/_4$ de litre par hectolitre de cidre.

419. **Noircissement.** — Le noircissement du cidre est dû à un excès d'oxyde ferreux, qui passe à l'état de peroxyde, au contact de l'air, et colore la boisson en brun. L'oxyde de fer a été introduit dans le cidre, soit par l'eau employée dans la fabrication, soit par les fruits récoltés sur un terrain ferrugineux, caractérisé par sa teinte

rougeâtre. On recommande d'employer 20 grammes de poudre d'écorce de chêne par hectolitre. Le tanin contenu dans l'écorce de chêne se combine avec l'oxyde de fer et donne un produit insoluble qui se dépose au fond de la barrique.

On peut également employer l'acide tartrique à la dose de 25 grammes par hectolitre de cidre. Si la dose n'est pas suffisante, on en emploie une quantité nouvelle égale à la première.

420. **Fleurs.** — Les fleurs de cidre sont dues à un ferment qui transforme l'alcool du cidre en eau et en anhydride carbonique; le cidre perd sa force et devient plat. Aussitôt qu'on s'aperçoit de cette maladie, il faut emplir le fût dans lequel se trouve le cidre, jusqu'à ce qu'il déborde, puis soutirer en fût propre et soufré, en laissant surnager les fleurs dans le premier tonneau.

Le nouveau fût doit être bouché hermétiquement et, lorsqu'il sera mis en vidange, on recouvrira la surface du liquide avec une légère couche de bonne huile à manger.

421. **Pousse.** — La pousse est due à un ferment qui se développe au printemps dans certains cidres. Cette maladie peut être corrigée par l'addition de 60 grammes de cachou par hectolitre de cidre malade. Il est nécessaire de soutirer ensuite en fûts bien soufrés.

CHAPITRE XXV

Cultures arbustives et fruitières (*suite*).

JARDIN FRUITIER

422. Le jardin fruitier doit être établi autant que possible près de l'habitation. Dans beaucoup de cas, il se confond avec le jardin potager; les arbres profitent alors des arrosages donnés aux légumes. De leur côté, ces derniers sont protégés contre les rayons chauds du soleil par l'ombre que produisent les arbres.

423. **Sol.** — Le sol où l'on veut établir un jardin fruitier doit être profond et de bonne nature, défoncé à 0^m80 ou 1 mètre de profondeur. Le sous-sol doit être mélangé à la terre végétale, de manière à former une masse de terre absolument homogène. (Voir Cours de 1re année, nos 330 à 336.)

CLASSIFICATION DES ARBRES ET ARBUSTES FRUITIERS

424. Les arbres et arbustes fruitiers peuvent être classés en trois catégories, suivant qu'ils produisent des fruits à pépins, à noyaux ou en baies.

Arbres et arbustes à fruits	à Pépins	Pommier. Poirier. Cognassier. Oranger. Citronnier.
	à Noyaux.	Amandier. Abricotier. Pêcher. Cerisier. Prunier. Néflier.
	en Baies	Figuier. Grenadier. Groseillier. Framboisier.

Fruits à pépins.

POMMIER

425. Le pommier aime une terre assez forte, mais plutôt siliceuse que calcaire et à sous-sol perméable. Le fruit est plus gros dans les vallées humides, mais moins savoureux que sur les plateaux secs. Il se plaît mieux en climat tempéré et même froid qu'en climat chaud. Le greffage des pommiers de jardin se fait sur trois sortes de sujets :

Fig. 136. — Pomme.

1° Sur franc ou pommier de semis ; on obtient ainsi des pommiers à haute tige, produisant en abondance dès la huitième année ;

2° Sur pommier doucin; ces arbres sont de taille moyenne ;

3° Sur pommier paradis, quand on veut des arbres de petite taille.

Les pommiers doucins et paradis sont obtenus par le marcottage.

426. **Variétés.** — Les variétés de pommes à couteau sont très nombreuses. On signale comme étant les meilleures :

Pommes d'été : transparente de Croucels, borovitski, rambour d'été.

Pommes d'automne : calville Saint-Sauveur, reine des reinettes, grand Alexandre,

Pommes d'hiver : reinette blanche de Canada, reinette grise de Canada, reinette franche, reinette dorée, court-pendu, calville blanc, calville rouge, api rose, etc., etc.

Fig. 137. — Poire.

POIRIER

427. Le terrain qui convient au poirier est plutôt ferme que léger, mais en général cet arbre craint moins la sécheresse que l'humidité.

Le greffage du poirier peut s'effectuer : 1° sur poirier franc ou poirier obtenu par semis; 2° sur cognassier; 3° sur aubépine ou épine blanche. — Le poirier greffé sur franc se plaît dans tous les sols. Il est très

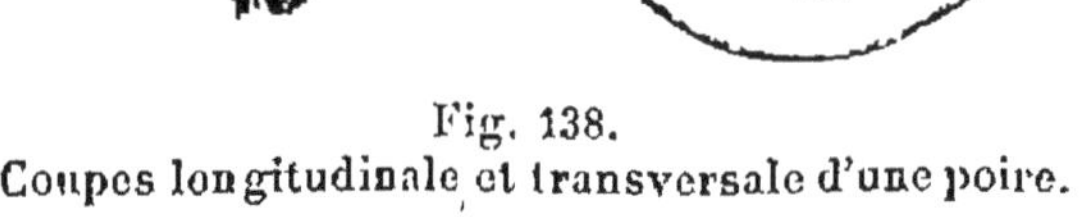

Fig. 138.
Coupes longitudinale et transversale d'une poire.

vigoureux, vit plus vieux que le poirier greffé sur cognassier, mais donne des fruits plus petits que ceux obtenus avec ce dernier.

Le poirier greffé sur cognassier pousse moins vigoureusement que sur franc; le fruit est ordinairement meilleur, plus gros et plus coloré.

Le cognassier doit être employé pour les petites formes, tandis que le poirier franc doit être réservé pour les arbres à haute tige.

L'aubépine est réservée comme sujet du poirier pour les sols secs, crayeux, peu fertiles. Les poiriers greffés sur aubépine vivent peu de temps.

428. **Maladies du poirier.** — Le poirier est attaqué par différentes maladies, dont les plus communes sont : la *chlorose*, le *chancre* et la *tavelure*.

La *chlorose* est caractérisée par une couleur jaune verdâtre que prennent les feuilles. Cette maladie peut être occasionnée par la sécheresse, par l'humidité et aussi par la pauvreté du sol. On conseille d'asperger les feuilles de l'arbre à l'aide d'une dissolution de sulfate de fer (1 à 2 grammes de ce sel par litre d'eau).

Le *chancre* est une altération du bois due à un champignon. L'écorce se gerce, s'entr'ouvre et met le bois à nu. Pour remédier à cette maladie, on recommande de retrancher jusqu'au vif les parties atteintes et de recouvrir la plaie avec du goudron ou de la cire à greffer. Le chancre attaque aussi le pommier.

La *tavelure* est due à un champignon parasite qui attaque les jeunes tiges, les feuilles et les fruits. Cette maladie se présente sous forme de taches noirâtres; les fruits atteints sont pierreux. On combat la tavelure de la même façon que le mildiou. (Voir ci-dessus n° 386.)

429. **Variétés.** — *Fruits d'été* : beurré Giffard, monsablard, william, beurré d'Amanlis, doyenné de Mérode, bonne d'Ezée.

Fruits d'automne : beurré superfin, beurré Hardy, beurré d'Angleterre, louise-bonne d'Avranches, doyenné

436. **Floraison.** — La floraison de l'oranger a lieu d'avril en juin. Si les fleurs sont trop abondantes, on en enlève une partie. Ces fleurs ont une grande valeur commerciale. On en retire en effet une essence parfumée très appréciée. L'essence de fleurs d'oranger possède des propriétés stomachiques très puissantes. On l'utilise sous le nom d'*eau de fleurs d'oranger*. Après la floraison, les orangers sont couverts d'une grande quantité de fruits qui grossissent lentement pendant l'été.

437. **Récolte.** — La première cueillette a lieu, en octobre et novembre, quand les fruits sont encore verts et acides; ces fruits sont destinés à être confits. C'est à la fin de novembre que les oranges prennent leur couleur jaune, quoiqu'elles soient encore acides. On en cueille alors de grandes quantités pour les expéditions éloignées; elles sont l'objet d'un commerce important à cette époque de l'année.

La cueillette se continue jusqu'en mars et avril, époque à laquelle la maturité est devenue complète.

On monte dans les arbres pour récolter les fruits et on les recueille dans des corbeilles garnies de toile à l'intérieur, de peur des meurtrissures qui pourraient les faire pourrir.

Quand les oranges sont cueillies, on les transporte au magasin où elles sont déposées sur de la paille saine. On procède ensuite au triage par catégories.

Ce triage consiste à faire passer les oranges dans des anneaux de différents diamètres, pour avoir des catégories de grosseur différente.

438. **Maladies.** — Le *blanc des racines* attaque les racines de l'oranger et peut lui faire un tort considérable. Cet arbre est aussi atteint par la *fumagine* et simultanément par le *kermès* de l'oranger.

CITRONNIER

439. Le citronnier est appelé improprement ainsi, car son véritable nom est *limonier*.

Dans la France méridionale, le limonier fleurit pendant presque toute l'année : il en résulte qu'on a des fruits en toute saison.

La multiplication et la culture sont les mêmes que pour l'oranger. Le limonier est moins rustique que l'oranger ; aussi lui réserve-t-on les situations les mieux abritées.

Fruits à noyaux.

440. **Amandier.** — L'amandier vient bien dans les terres calcaires et sèches, un peu profondes ; il vient mal dans les fonds humides. On a souvent avantage à le placer dans les sols exposés aux vents et même sur les points les plus froids, parce que sa floraison, qui est précoce, est ainsi retardée et que les gelées printanières sont moins redoutables pour l'arbre.

La multiplication de l'amandier se pratique par graines, par boutures et par greffes. Le greffage se fait sur amandier franc obtenu par semis ou sur prunier.

441. **Abricotier.** — L'abricotier vient bien dans la plupart des sols, pourvu qu'ils soient ameublis et qu'ils ne présentent pas un excès d'humidité. Il est d'usage, dans le midi, d'arroser le pied de l'arbre au printemps ou au commencement de l'été. Les engrais bien consommés conviennent aux abricotiers.

La multiplication des abricotiers se fait de trois manières différentes : par le semis, par le bouturage et par le greffage.

Le greffage peut être pratiqué sur abricotier franc, sur le pêcher, sur l'amandier et sur le prunier. Dans quelques pays et notamment en Angleterre, on cultive l'abricotier en serre.

442. **Pêcher.** — Les terrains doux, substantiels et profonds conviennent au pêcher qui redoute les expositions froides. Les fruits restent généralement petits, mais ils sont très savoureux quand ils sont à une exposition chaude.

La multiplication du pêcher se fait par le semis et par le greffage.

Quand on emploie le greffage, on peut opérer sur quatre sujets différents : 1° sur *pêcher franc* obtenu par semis; 2° sur amandier à coque dure; 3° sur prunier; 4° sur abricotier.

Fig. 140. — Pêche.

Le pêcher greffé sur franc pousse très vigoureusement, mais il est long à donner des fruits. Dans toute la vallée de la Garonne, c'est le seul sujet qui réussisse bien.

Le pêcher greffé sur amandier convient surtout aux sols substantiels et profonds, non humides.

Dans les sols froids et humides, on greffera le pêcher sur prunier. Les racines du pêcher franc et de l'amandier pourrissent dans un sol humide.

Quand on voudra cultiver le pêcher sur des terrains secs et arides, on devra le greffer sur abricotier.

443. **Cerisier.** — Le cerisier est très rustique sous le rapport du sol, du climat et de l'exposition.

Tous les terrains lui conviennent, mais il préfère cependant les sols légers aux sols compacts.

Le cerisier peut être multiplié de trois manières différentes : par le semis, par le greffage et au moyen des drageons qui poussent aux pieds de certains cerisiers.

Le greffage se pratique sur les variétés de cerisier merisier et cerisier Sainte-Lucie.

444. **Prunier.** — Le prunier peut être cultivé par toute la France avec succès.

Les sols qui lui conviennent le mieux sont les terres argilo-calcaires un peu fraîches. Les terres sableuses trop légères sont les seules dans lesquelles le prunier ne peut s'accommoder. Toutes les situations et toutes les expositions lui sont indifférentes, mais il préfère cependant les coteaux et les vallées largement ouvertes et bien aérées.

Les pruniers peuvent être multipliés par le semis, par le greffage et au moyen de dragcons émis par les racines.

Les pruniers les meilleurs comme sujets de greffage

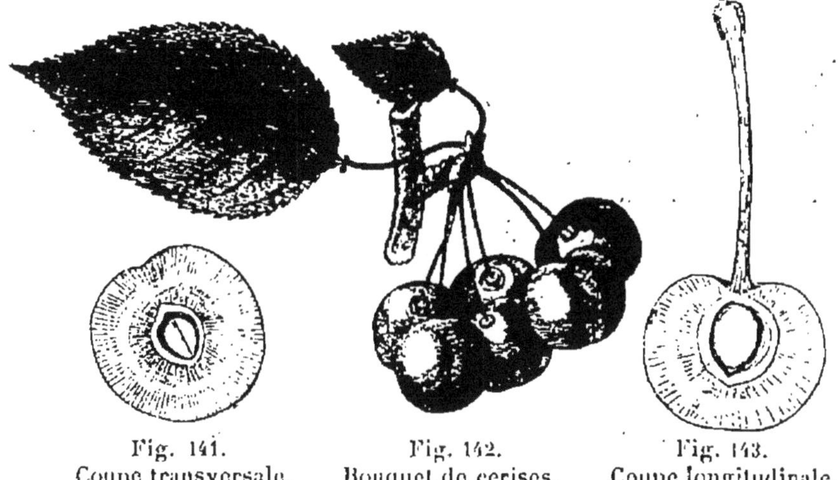

Fig. 141. Coupe transversale. Fig. 142. Bouquet de cerises. Fig. 143. Coupe longitudinale.

appartiennent aux variétés dites de *Saint-Julien*, de *Damas* et *mirobolan*.

445. **Néflier.** — Le néflier peut pousser à peu près dans tous les sols, sauf dans les terrains trop marécageux ou trop secs.

On rencontre peu le néflier dans les jardins; le plus souvent on le cultive sur le bord des champs, au milieu des haies de clôture.

On peut obtenir le néflier de deux manières différentes : par le semis et par le greffage.

La dernière méthode est la plus employée.

Les sujets sur lesquels on peut greffer le néflier sont : l'aubépine, le cognassier et le poirier.

Fruits en baies.

446. **Figuier.** — Le figuier est un arbre qui se plaît surtout dans la région méditerranéenne. Il peut cepen-

dant prospérer dans le centre, l'ouest et le sud-ouest de la France.

Tous les terrains conviennent au figuier, mais il ne donne de produits abondants que dans les sols frais, profonds et substantiels.

447. La multiplication du figuier se fait par graines, par rejetons, par marcottes, par boutures et par greffes.

Les semis sont assez rarement employés; les graines des figues précoces ou *figues-*

Fig. 144.
Rameau fructifère de figuier.

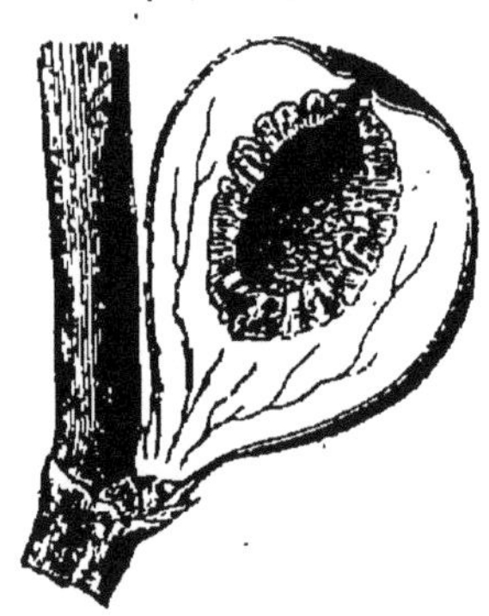

Fig. 145.
Coupe longitudinale d'une figue.

fleurs sont généralement stériles; les figues tardives ou *figues d'été* donnent des graines fertiles.

La multiplication par rejetons enracinés est beaucoup plus employée que la multiplication par semis; on lui préfère cependant la multiplication par marcottes et par boutures.

Le greffage du figuier se pratique sur figuier franc ou sur figuier obtenu par rejetons, par marcottes ou par boutures.

448. **Grenadier.** — Le grenadier est surtout cultivé dans la région méditerranéenne. Cet arbuste se multiplie par le semis, le marcottage et la greffe.

449. **Groseillier.** — Le groseillier vient à peu près

dans tous les sols; il préfère cependant les terres légères un peu fraîches à tout autre terrain.

La multiplication du groseillier se fait par marcottes et par boutures. Le procédé par boutures est le plus souvent employé.

Fig. 146.
Rameau fructifère du groseillier.

On distingue trois espèces de groseillier à fruits comestibles : 1° le groseillier à grappes; 2° le groseillier épineux ou à maquereau; 3° le groseillier noir ou cassissier.

Le fruit de la première espèce est appelé *castille*, *groseille à grappes;* le fruit de la deuxième est appelé maquereau ou *groseille maquereau;* celui du groseillier noir est appelé *cassis*.

450. **Framboisier.** — Le framboisier n'est pas difficile sur la nature du sol; il pousse dans tous les terrains, sauf dans ceux qui sont par trop secs.

Fig. 147.
Rameau fructifère du framboisier.

Cet arbrisseau se multiplie par graines ou par drageons; la multiplication par drageons est à peu près la seule employée.

On distingue deux sortes de framboisiers : l'une, dite *ordinaire,* qui ne fructifie qu'une fois l'an; l'autre, dite *remontante,* qui donne des fruits pendant une bonne partie de l'année.

CHAPITRE XXVI

Cultures arbustives et fruitières : Jardin fruitier (*fin*)

451. **Choix des arbres fruitiers.** — Si l'on est obligé d'acheter des arbres chez un pépiniériste, il faut éviter de les prendre dans des pépinières dont le sol est humide. Les racines des sujets venus dans de semblables terrains se dessèchent après l'arrachage. Il faut choisir ses arbres soi-même et en surveiller l'arrachage, afin d'empêcher qu'on brise trop de racines.

On reconnaît que les arbres sont de bonne venue quand leur écorce est lisse et bien formée; leurs racines sont aussi très abondantes.

452. **Plantation.** — Bien qu'on puisse planter à toutes les époques de l'année, il est cependant préférable d'exécuter les plantations pendant le repos de la sève. Dans les terrains légers et meubles, il est bon de planter dès le mois de novembre; les arbres font du chevelu (radicelles) aussitôt qu'ils sont plantés. Pour les terrains froids, il vaut mieux attendre le printemps.

453. **Habillage des arbres.** — Avant de planter un arbre, il faut procéder à sa *toilette* ou *habillage*. Cette opération consiste à supprimer toutes les racines qui auraient été cassées ou meurtries pendant l'arrachage et le transport.

Les branches devront également être taillées. Lorsque l'arbre est habillé, il ne reste plus qu'à le planter à la profondeur voulue.

Deux personnes sont nécessaires pour bien planter; l'une tient l'arbre dans la position verticale, l'autre apporte la terre qu'elle fait couler entre les racines. Celles-ci doivent toujours être placées à la main et recouvertes de terre bien meuble. Il ne faut pas tasser fortement la terre avec les pieds, car on risquerait de briser un grand nombre de racines. La terre se tasse seule au bout de quelque temps.

454. **Taille des arbres fruitiers.** — On donne le nom de *taille* à toute opération qui a pour effet de supprimer sur les arbres des parties inutiles ou nuisibles (rameaux et branches).

Pratiquée dans de bonnes conditions, la taille contribue à prolonger l'existence des arbres; au contraire, si cette opération ne répond pas aux besoins de leur végétation, elle peut avoir pour effet de faire périr l'arbre plus tôt.

La taille a pour but : 1° d'aider la nature à donner aux arbres une forme déterminée et des proportions qu'ils ne prendraient pas eux-mêmes; 2° de répartir la sève le plus régulièrement possible dans toutes les parties de l'arbre; 3° de faire fructifier les arbres qui y sont naturellement peu disposés; 4° de les maintenir dans un bon état de production; 5° d'en obtenir des fruits plus gros, plus hâtifs et de meilleure qualité.

La taille des arbres fruitiers se pratique pendant l'hiver; elle est dite *taille en sec* ou *taille d'hiver*. Cette taille est complétée par la *taille d'été* ou *taille en vert*, qui a lieu pendant le cours de la végétation.

Dans la *taille d'hiver*, on distingue la *taille courte* et la *taille longue*.

La taille est dite *courte*, quand on ne laisse que deux ou trois bourgeons à une branche; elle est dite *longue*, quand on laisse un nombre supérieur de bourgeons. Par rapport à la taille, les arbres peuvent être divisés en deux catégories . les arbres sur tige et les arbres palissés.

455. **Forme des arbres sur tige.** — Les arbres

sur tige reçoivent différentes formes dont les plus connues sont : le *fuseau*, la *pyramide* et le *vase*.

Le *fuseau* (fig. 148) est une forme dans laquelle les branches vont en diminuant de longueur de bas en haut. L'arbre tient ainsi peu de place à cause de sa forme élancée.

Fig. 148.

Fig. 149.

L'arbre en forme de pyramide (fig. 149) diminue de bas en haut comme le fuseau. Le vase (fig. 150) est une forme qui, ainsi que son nom l'indique, ressemble à un vase ou à un gobelet. La forme en vase est très favorable au développement et à la fructification des arbres, car l'air et la lumière circulent facilement entre les branches.

456. **Forme des arbres palissés.** — On divise les arbres palissés en deux catégories : les *espaliers* et les *contre-espaliers*.

Les *espaliers* sont les arbres qu'on fixe contre les murs; les contre-espaliers sont ceux qu'on attache à un treillage ou à des fils de fer.

Les formes les plus connues des arbres palissés sont : le *cordon* et la *palmette*.

Cordon. — Le *cordon* peut avoir trois dispositions différentes : il peut être vertical, horizontal ou oblique.

Le cordon vertical peut être à une ou deux branches; quand il a deux branches, il a la forme d'un U. Le cordon vertical est toujours appuyé contre un mur.

Le cordon horizontal peut être *simple* ou *double*, suivant qu'il a une ou deux branches. Les cordons horizontaux *simples* ou *doubles* peuvent être palissés sur fil de fer en plein air ou appuyés contre un mur.

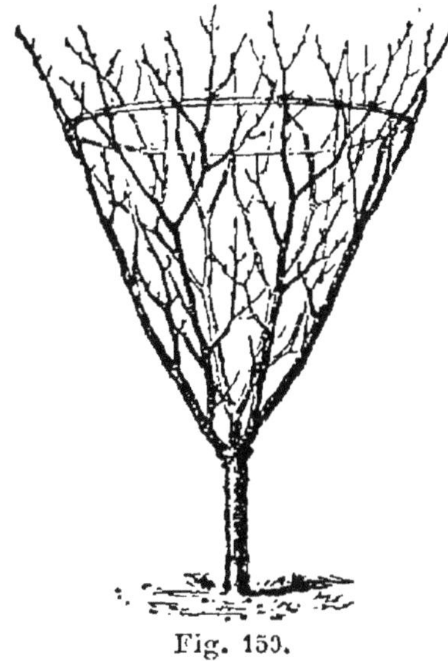

Fig. 150.

Le cordon oblique est toujours à une seule branche ; on le palisse contre un mur.

Palmette. — La palmette est simple ou double, suivant qu'il y a une ou deux branches principales montantes.

Il existe aussi un autre genre de palmette, employé surtout dans la culture du pêcher : c'est la palmette en éventail.

457. **Branche fruitière du poirier et du pommier.** — Avant de parler de la taille elle-même,

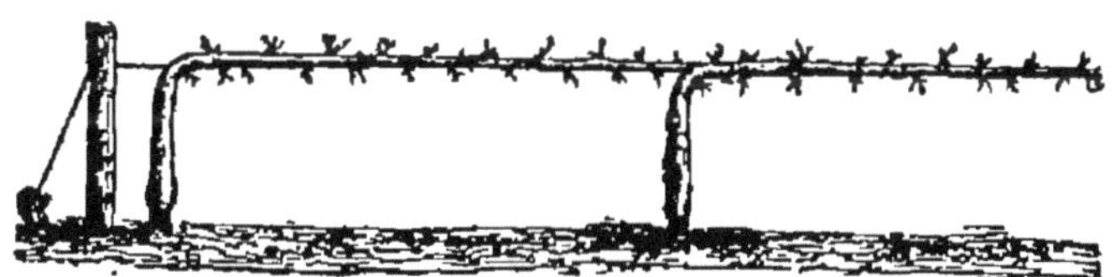

Fig. 151. — Cordon horizontal.

il est bon de faire connaître les différentes productions que l'on rencontre sur les branches fruitières. Ces productions sont : le *gourmand,* la *brindille,* le *dard,* la *lambourde*, la *bourse* et le *courson.*

Gourmand. — Le gourmand est un rameau qui a pris un accroissement considérable ; il naît sur la tige principale et sur le dessus des branches. Le gourmand doit être supprimé, à moins qu'on ne l'utilise pour remplacer une branche.

Brindille. — La brindille est un petit rameau grêle, flexible, ayant de 0m10 à 0m15 de longueur; elle a peu de disposition à pousser fortement. Pour la disposer à porter des fruits, il suffit de supprimer l'œil terminal.

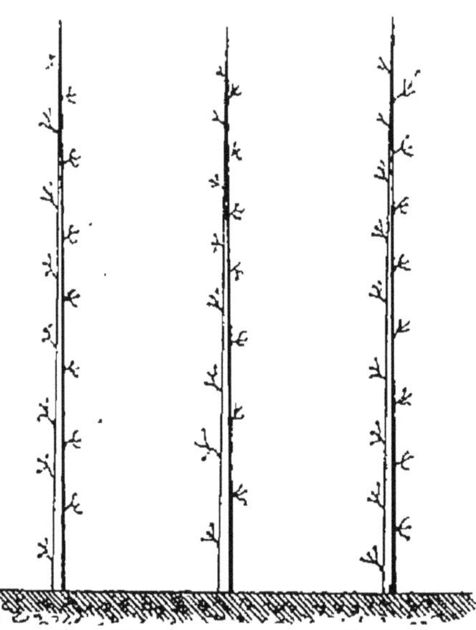
Fig. 152. — Cordon vertical.

Dard. — Le dard est un petit rameau long de quelques centimètres placé à angle droit sur le dessus des branches. Il est d'abord terminé par un œil conique, qui finit par s'arrondir pour se transformer en bouton à fruit. Il ne faut jamais tailler le dard.

Lambourde. — La lambourde est un dard transformé en bouton à fruit.

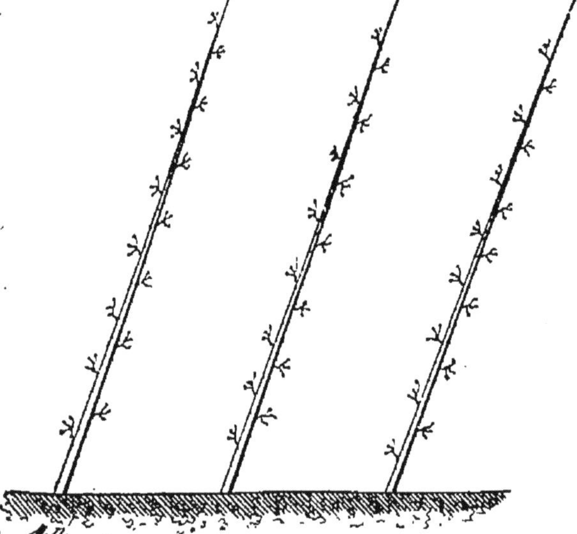
Fig. 153. — Cordon oblique.

Bourse. — La bourse est le point où étaient attachés les fruits. C'est un petit corps charnu ayant des yeux à sa circonférence; il est essentiellement fertile et tend constamment à donner du fruit.

Courson. — Le courson est une petite branche destinée à porter le bourgeon fruitier. Les coursons sont placés sur les branches de charpente qu'ils doivent garnir autant que possible ; c'est sur eux que se pratique la taille.

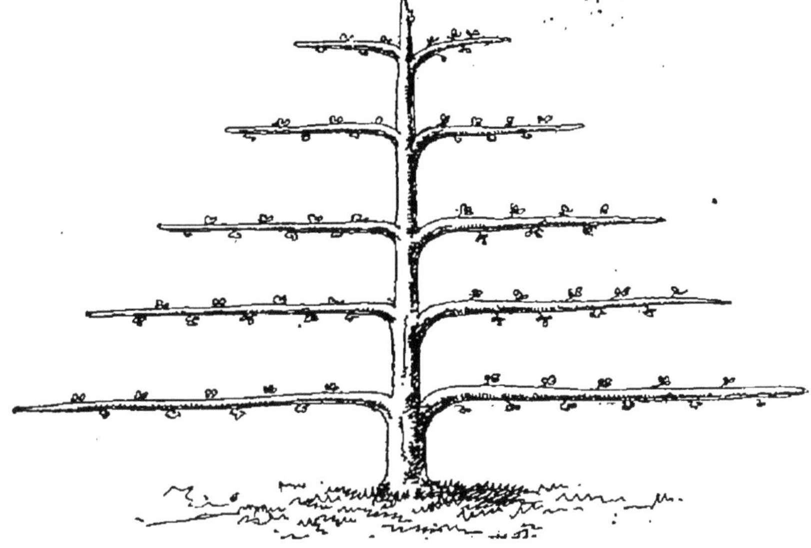

Fig. 154. — Palmette simple.

458. **Taille des coursons du poirier et du pommier.** — Les coursons du poirier et du pommier

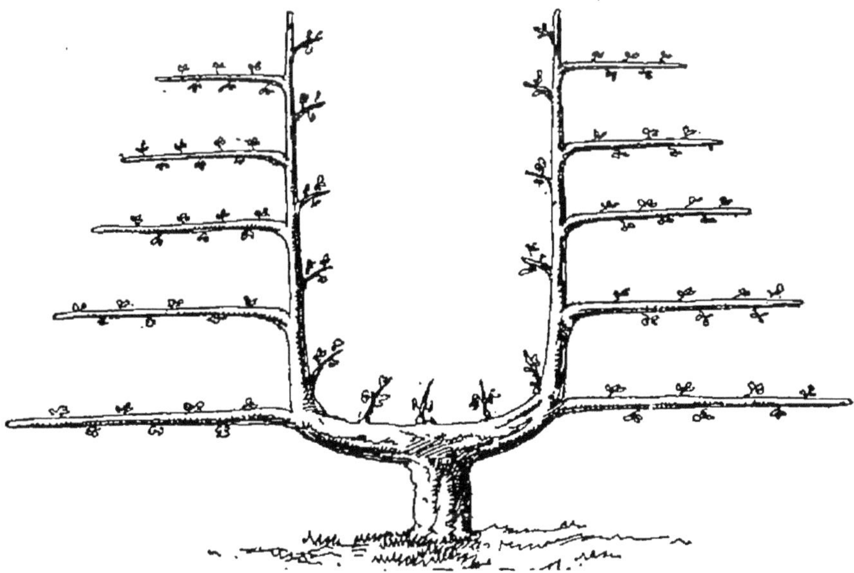

Fig. 155. — Palmette double.

se taillent à trois yeux. Si l'on prend pour type de

démonstration un rameau d'un an *a*, ce rameau est taillé la première année au-dessus du troisième œil bien constitué (fig. 159). De ces trois yeux, celui du sommet seul se développera à bois, les deux autres se transformeront en dards ou en lambourdes. L'année suivante, la taille se fera sur l'œil le plus bas du rameau de l'année (fig. 160).

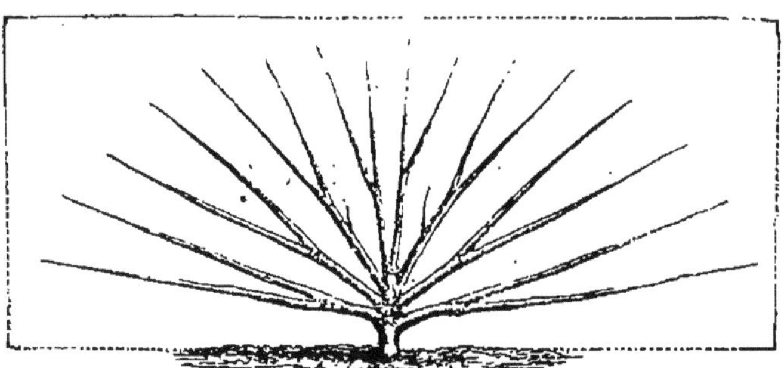

Fig. 156. — Palmette en éventail.

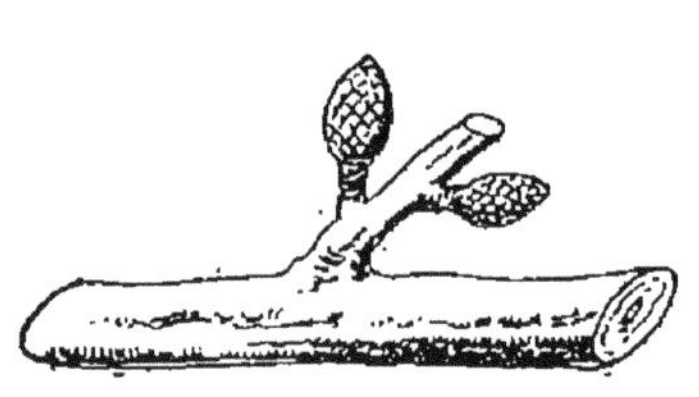

Fig. 157. — Lambourdes.

Si deux yeux se développaient au lieu d'un seul, on supprimerait complètement la branche supérieure et on taillerait à deux yeux la branche inférieure, ainsi que l'indique la figure 161.

Dans le cas où les trois yeux de la figure 159 se sont transformés en dard, il n'y a rien à tailler.

459. **Taille des coursons du pêcher.** — Les coursons ou branches à fruits du pêcher restent ordinairement très courts; on les taille le plus souvent sur quatre fleurs.

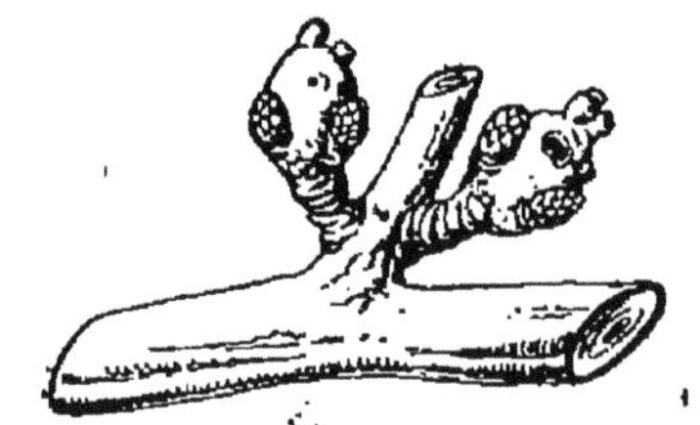

Fig. 158. — Bourses.

460. **Taille en vert ou taille d'été.** — La taille d'été a pour objet de supprimer, pendant le cours de la végétation, tout ce qui est devenu inutile pour la

production des fruits. Elle comprend l'*ébourgeonnage*, le *pincement* et le *cassement*.

Ebourgeonnage. — Cette opération consiste à enlever sur les arbres fruitiers les bourgeons inutiles. On opère dès le début de la végétation; plus tard l'opération serait faite dans de mauvaises conditions.

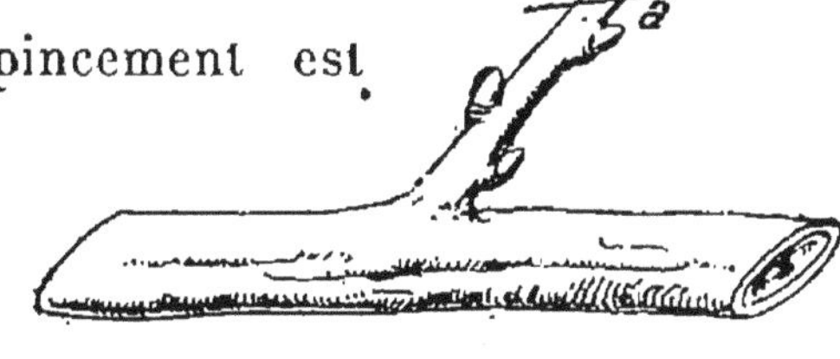

Fig. 159.

Pincement. — Le pincement est une opération qui consiste à sectionner avec les ongles l'extrémité herbacée des branches. On pince les branches à une longueur de 0m10 à 0m15. Cette opération maintient l'équilibre des rameaux et hâte la formation des boutons à fruits.

Cassement. — Le cassement est une opération qui consiste à casser de jeunes branches pour en arrêter l'accroissement. Il a le même but que le pincement. On opère le cassement avec un couteau ou avec une serpette à une longueur de 0m08 à 0m10. La plaie produite par le cassement étant contuse affaiblit plus le végétal que le pincement et détermine une plus prompte mise à fruits.

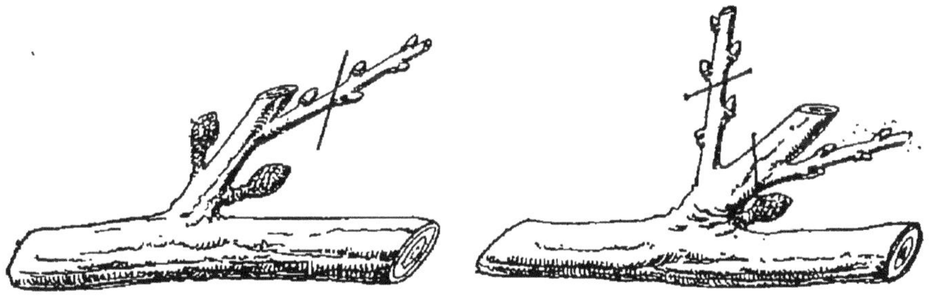

Fig. 160. Fig. 161.

CHAPITRE XXVII

Culture potagère ou maraîchère.

461. Un jardin potager est une partie indispensable dans une exploitation rurale; aussi est-il nécessaire d'avoir quelques notions de jardinage.

Pour obtenir des résultats satisfaisants, il faut : 1° établir le jardin sur le meilleur terrain de la ferme; 2° lui donner les soins nécessaires; 3° faire alterner les légumes des différentes familles botaniques; 4° ne pas épargner les engrais; 5° disposer d'une quantité d'eau suffisante pour les arrosages.

Jusqu'à présent la culture maraîchère est d'ordinaire fort mal pratiquée dans les campagnes; à peine accorde-t-on au jardin un minime morceau de terre, où l'on ne plante que les espèces potagères les plus grossières. Rien ne contribue pourtant au bien-être des familles comme l'abondance de légumes bien choisis et variés.

On n'a aucune dépense à faire pour accroître la masse des substances alimentaires; il suffit d'un potager bien établi et entretenu avec soin pour amener une heureuse abondance dans les plus pauvres maisons.

Tout le monde sait que le terrain consacré à la production des légumes rapporte beaucoup plus que toute autre partie du sol affecté aux récoltes, même les plus rémunératrices. C'est que dans le potager le travail est incessant : chaque carré du jardin donne souvent trois ou quatre récoltes dans la même année, sans jamais s'épuiser, s'il est bien dirigé. L'exposition du potager est un point très important, bien que cependant aucune exposition ne soit ni bonne ni mauvaise d'une manière absolue. L'exposition du sud-est passe pour être la meilleure sous les climats tempérés.

Il ne faut pas que l'eau manque dans un potager, car la pluie ne suffit pas pour les besoins des plantes qui y sont cultivées. On ne peut espérer tirer bon parti d'un jardin potager qu'en distribuant au sol des arrosages copieux et fréquents.

Nous allons passer en revue les différentes plantes potagères cultivées dans les jardins et nous les classerons en prenant pour base les organes utilisés dans la consommation.

Plantes dont on consomme les	Racines :	Betterave; Carotte, panais; Navet, radis; Salsifis, scorzonères.
	Bulbes :	Ail, oignon, échalote.
	Tubercules :	Pomme de terre.
	Tiges :	Asperge.
	Feuilles :	Choux; Cardon, chicorée, laitue; Céleri, cerfeuil, persil; Ciboule, poireau; Epinard; Oseille.
	Fleurs :	Artichaut[1].
	Fruits :	Fraisier; Aubergine, piment, tomate; Concombre, melon, citrouille, potiron.
	Grains :	Fève, haricot, pois.

1. Dans l'artichaut on ne consomme pas les véritables fleurs; on n'utilise, en effet, que les bractées florales et le réceptacle de ces fleurs. Celles-ci se trouvent à l'intérieur des têtes d'artichaut et sont impropres à l'alimentation; elles constituent ce qu'on appelle le *foin de l'artichaut*.

Cultures spéciales.

PLANTES DONT ON CONSOMME LES RACINES

462. **Betterave.** — Les différentes variétés de betteraves cultivées dans les potagers sont de couleur rouge, à l'intérieur comme à l'extérieur.

Les betteraves potagères aiment les sols profonds, meubles et fertiles. On peut les semer en place ou en pépinière et dans les deux cas à la volée ou en lignes. Quand on veut les obtenir de bonne heure, on sème sur couche au commencement de mars.

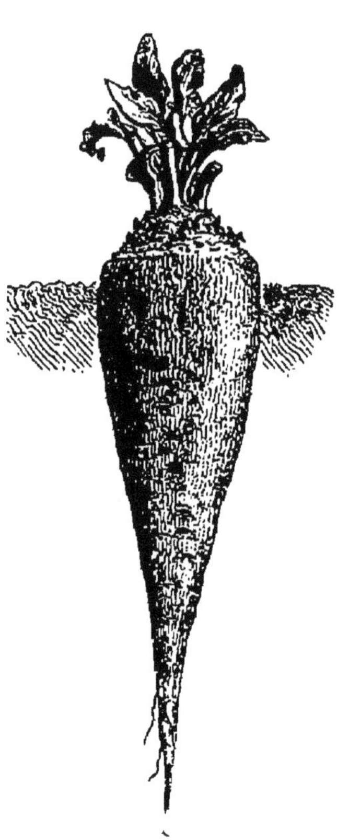

Fig. 162.
Betterave rouge crapaudine.

Dès que la plante est bien levée, on doit la biner pour stimuler sa végétation ; on l'éclaircit dès qu'elle a cinq ou six feuilles et on profite de cette opération pour distancer les plants de 0m35 à 0m40 les uns des autres.

Pendant sa végétation, la betterave doit être binée et sarclée à différentes reprises ; elle supporte assez bien les sécheresses modérées ; mais elle croît beaucoup mieux, quand elle reçoit quelques arrosages.

La récolte des betteraves potagères se fait vers la fin d'octobre ; il faut avoir soin de ne pas endommager les racines en les arrachant. On conserve les betteraves dans une cave ou un cellier ou mieux encore en silo.

463. **Carotte.** — Les carottes les plus estimées sont

la *longue lisse de Meaux*, la *courte de Hollande* et la *rouge demi-longue nantaise.*

La carotte aime les sols profonds et substantiels. La fumure que l'on applique au sol doit être faite avec du fumier consommé. Si le fumier était frais, la carotte *fourcherait*, c'est-à-dire que la racine se diviserait en plusieurs ramifications. On doit donner les mêmes soins à la carotte potagère qu'à la carotte fourragère, sauf qu'ils doivent être donnés avec plus de minutie.

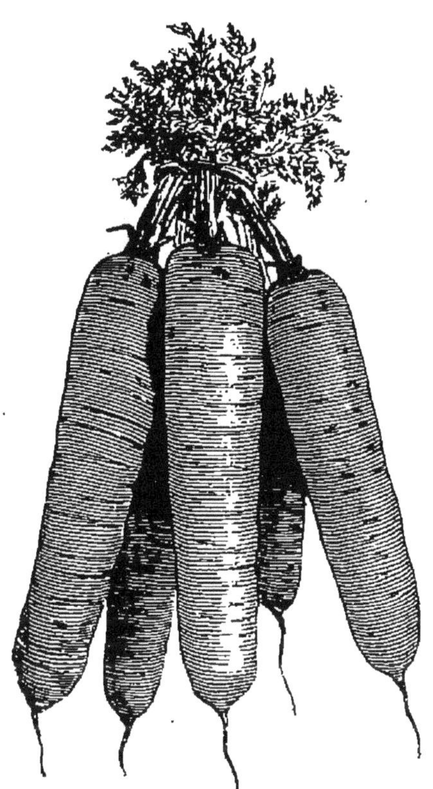

Fig. 163.
Carotte rouge longue lisse de Meaux.

On peut semer des carottes pendant tout le cours de la belle saison.

464. **Panais.** — Le panais aime les terrains profonds, bien pourvus d'engrais; il ne craint pas les gelées et peut rester en terre pendant l'hiver. On peut le semer à la volée ou en lignes. Lorsque les pieds sont suffisamment développés, on les

Fig. 164. — Panais rond hâtif.

éclaircit de manière à les espacer de 15 à 20 centimètres.

La panais doit être arrosé modérément : il ne réclame que quelques sarclages et quelques binages.

465. **Navet.** — Les navets se plaisent surtout en terre légère; les terres franches, bien ameublies, leur conviennent tout particulièrement.

Fig. 165.
Navet de Milan rouge plat très hâtif.

Les semis de printemps ont l'inconvénient de monter rapidement. On sème le navet depuis le printemps jusqu'en septembre et indifféremment en lignes ou à la volée.

Eclaircir, biner, sarcler et arroser, telles sont les façons d'entretien à donner aux navets.

466. **Radis.** — Les radis demandent une terre légère et fraîche. Si l'on veut avoir des radis tendres, il ne faut épargner ni le fumier, ni les arrosages.

Fig. 166.
Radis rond rose à bout blanc.

Quand les radis sont cultivés dans de bonnes conditions, ils sont bons à manger au bout de trois semaines environ. On peut sans inconvénient les semer parmi les carottes, les laitues, les oignons (*Contreplantation*). Les semis de printemps doivent se faire à bonne exposition au pied d'un mur. Les semis d'été réclament l'ombre.

Les radis d'automne se sèment jusqu'à la fin de septembre.

Le radis noir ou raifort se sème dans le courant de

juin et est bon à récolter en automne. Il se garde pendant tout l'hiver en cave ou en cellier et même au dehors.

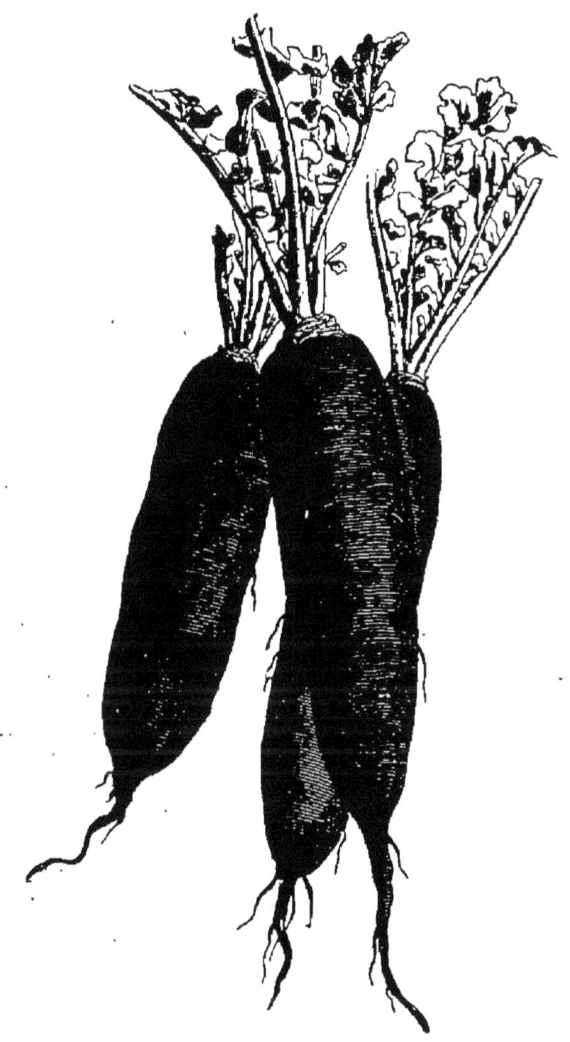

Fig. 167. — Radis longs noirs d'hiver.

467. **Salsifis.** — Le salsifis se plaît dans un sol profond, où l'humidité ne séjourne pas.

Pour cette culture, il faut préparer le terrain pendant l'hiver par un bon labour à la bêche ; on enfouit en même temps dans le sol du fumier bien décomposé.

Dès les premiers jours du printemps, on ameublit la surface du sol avec un râteau et on sème en lignes distantes de 0^m25 à 0^m30. On recouvre la graine d'une légère couche de terreau et on arrose ensuite.

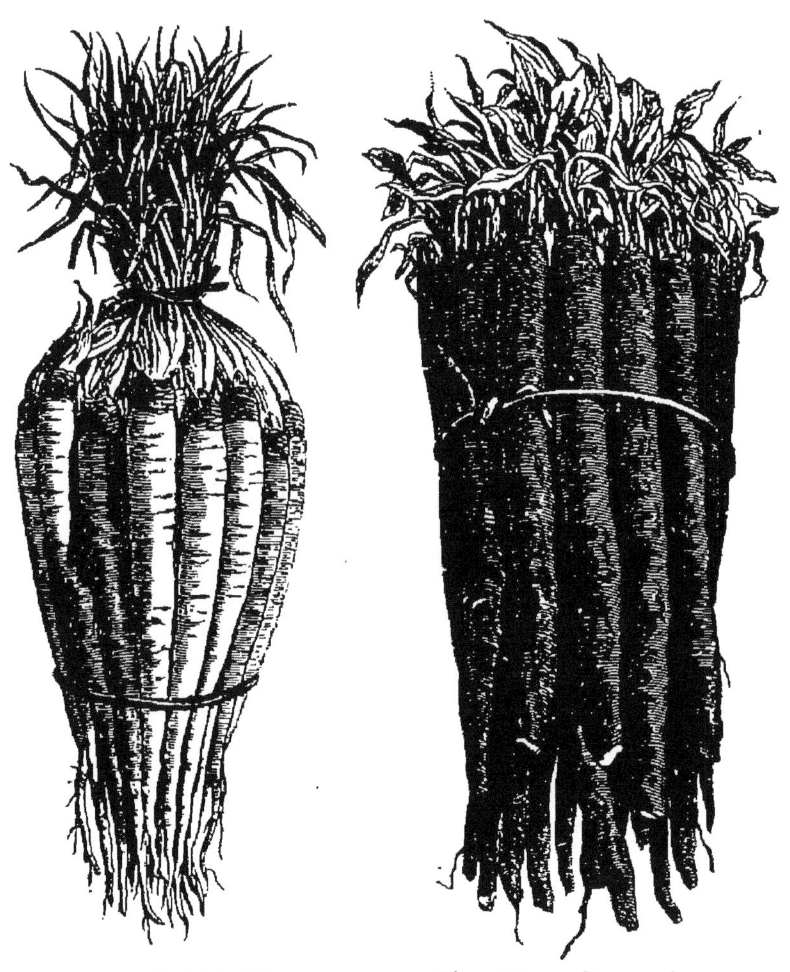

Fig. 168. — Salsifis blancs. Fig. 169. — Scorzonères.

Quand les plants sont levés, on les éclaircit de manière à les espacer de 0^m15 dans les lignes.

Pendant leur végétation, les salsifis doivent être binés, sarclés et arrosés.

La récolte des salsifis se fait au fur et à mesure des besoins.

Si les hivers sont froids dans les pays où on les cultive, il est nécessaire de récolter les salsifis avant les fortes gelées. On les conserve alors dans des caves ou des celliers.

468. **Scorzonères.** — Les terres de consistance moyenne profondément labourées et fertiles sont celles qui conviennent le mieux aux scorzonères.

Les semis se font à deux époques, en mars et avril ou vers la fin de juillet. Les semis et les façons d'entretien s'exécutent de la même manière que pour le salsifis.

Les scorzonères passent très bien l'hiver en terre : la gelée ne leur fait aucun mal. On les récolte au moment de la consommation.

PLANTES DONT ON CONSOMME LES BULBES

469. **Ail.** — L'ail sert de condiment apéritif; son odeur et sa saveur sont très prononcées. On le cultive pour ses bulbes connues sous le nom de *gousses*.

Fig. 170. — Ail blanc ou commun.

L'ail se plaît en terres chaudes et substantielles, plutôt légères que fortes. On le multiplie aisément par *caïeux*, c'est-à-dire par éclats.

On doit préparer le sol par un bon labour et fumer avec

de l'engrais bien décomposé. On peut planter en octobre, mais souvent on attend jusqu'en avril et on espace les pieds de 0m12 à 0m15 en les mettant de 0m03 à 0m04 de profondeur.

On sarcle et on bine pendant la végétation, de manière à toujours maintenir le sol net de mauvaises herbes.

Les gousses sont mûres quand les feuilles prennent une couleur jaunâtre. Quand les fanes sont desséchées, on arrache les têtes d'ail et on les laisse pendant un certain temps sur le sol pour en parfaire la maturité. On les met ensuite en bottes et on les dépose dans un endroit sain, pour les conserver.

470. **Oignon.** — On peut cultiver l'oignon de deux façons différentes : en place ou en pépinière pour être repiqué ensuite. Cette plante aime les sols de consistance moyenne bien ameublis et fertilisés de vieille date.

La terre doit être légèrement tassée à sa surface quand on fait les semis d'oignon.

Le semis se fait dans le courant de mars, à la volée ou en lignes. On enterre très légèrement la graine et on la recouvre d'une petite couche de terreau. Il faut éclaircir, sarcler, biner et arroser pendant la végétation des oignons.

Fig. 171. — Oignon.

La récolte des oignons se fait lorsque les tiges jaunissent. On peut hâter le moment de la récolte en couchant les tiges avec le dos d'un râteau.

L'oignon ne doit pas être rentré en magasin aussitôt après qu'il a été arraché, car il ne se conserverait pas; il faut le laisser pendant quelques jours sur le sol et choisir un temps sec pour le rentrer. Le local dans lequel on conserve les oignons doit être sec et aéré pour empêcher la pourriture.

L'oignon peut aussi être cultivé par repiquage. Dans ce cas, on le sème en août pour les variétés d'hiver, et en février pour les variétés d'été.

Quand le plant est suffisamment développé, on le repique en espaçant les pieds de 0^m10 en tous sens.

On peut aussi employer un autre procédé qui réussit très bien. On sème la graine très épaisse en mai ou juin. Les oignons serrés les uns contre les autres grossissent très peu pendant le cours de l'été. A l'automne, on les arrache et on les conserve dans un local sec et aéré.

A la fin de février ou au commencement de mars, on les met en place à 0^m15 en tous sens. Ils se développent vigoureusement et sont bons à récolter en juin ou en juillet. Les petits oignons obtenus la première année portent le nom d'*oignonnets*.

471. **Echalote.** — L'échalote aime les terres légères et redoute l'humidité ; elle se reproduit par ses bulbes ou caïeux.

Fig. 172. — Échalote de pays.

Le plantation des caïeux a lieu en février ou mars et quelquefois même dans les derniers jours d'automne quand on veut avoir de l'échalote de bonne heure. On doit enterrer faiblement les caïeux et les espacer de 0^m08 à 0^m10 les uns des autres.

Il faut pendant la végétation donner quelques binages

de manière à maintenir le sol net de mauvaises herbes.

Lorsque l'échalote est mûre, ce qui se manifeste par la dessiccation des feuilles, il faut la récolter : à la maturité, chaque pied d'échalote comprend de 5 à 10 caïeux.

Pour récolter l'échalote, on arrache les pieds et on les laisse pendant deux ou trois jours sur le sol exposés au soleil. On rentre ensuite au grenier.

PLANTE DONT ON CONSOMME LES TUBERCULES

472. **Pomme de terre.** — La pomme de terre aime un sol bien travaillé et bien fumé. Dans les terres sablonneuses, elle acquiert un moindre volume, mais elle est de meilleure qualité.

Quand on veut récolter les pommes de terre de très bonne heure, on les plante pendant le courant de février.

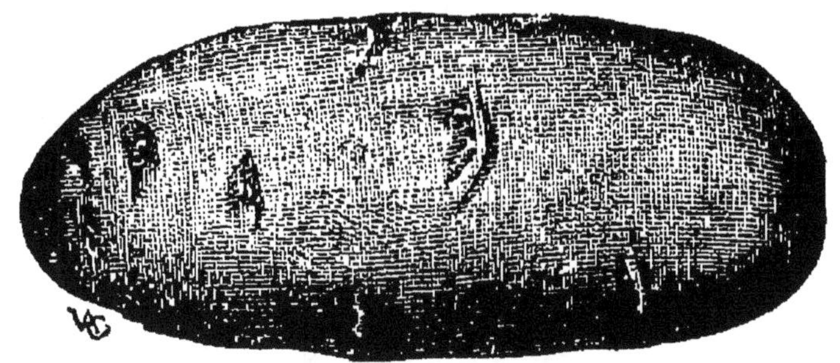

Fig. 173. — Pomme de terre marjolin

Le terrain pour les pommes de terre doit être labouré profondément et abondamment fumé. Pendant la végétation, on devra biner et sarcler aussi souvent que le besoin s'en fera sentir, de manière à maintenir le sol meuble et net de mauvaises herbes. On plante en lignes, en mettant les tubercules à 0m60 les uns des autres. Un binage immédiatement après la sortie de la plante est très utile. On donne un buttage quand la plante a 0m25 ou 0m30 de hauteur. Ce buttage n'est pas absolument nécessaire.

On recommande d'enlever toutes les fleurs, de façon que la sève soit refoulée vers les tubercules. La maturité des pommes de terre s'annonce par la teinte jaune et flétrie que prennent la tige et les feuilles, mais pour les besoins de la cuisine on n'attend pas que la plante soit complètement mûre. On peut prendre les tubercules dès qu'ils ont une grosseur suffisante, alors même que la pellicule n'est pas encore durcie.

PLANTE DONT ON CONSOMME LES TIGES

473. **Asperge.** — L'asperge se multiplie par graines, mais principalement par ses racines, qu'on nomme *griffes* ou *pattes*.

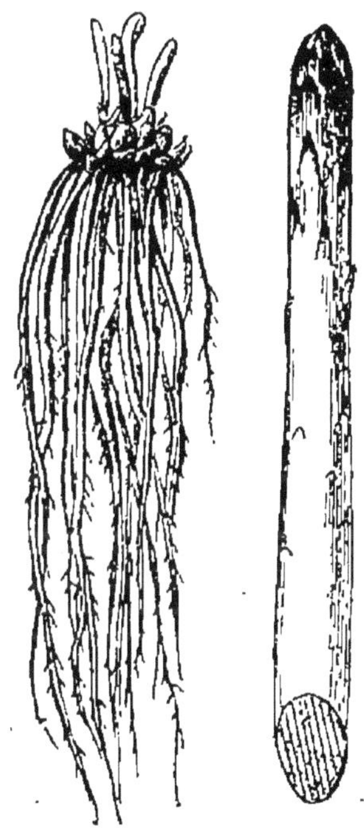

Fig. 174. — Asperge.

Elle se plaît surtout dans les terres sablonneuses, profondes et substantielles.

Les semis se font en pépinière sur terre bien préparée. La graine met quarante jours à sortir de terre; aussitôt qu'elle est levée, on arrose et on éclaircit. Pendant toute la durée de la végétation, on doit maintenir le sol très meuble. On garde généralement les plants deux ans avant de les mettre en place. La plantation à demeure doit être précédée de façons préparatoires. Il est essentiel de remuer le sol à une grande profondeur, car les racines de l'asperge pénètrent profondément en terre. Il faut aussi fumer très fortement. On plante pendant le courant d'avril.

On doit biner et sarcler pendant la végétation. Au printemps suivant, on laboure le terrain à la fourche et, pendant la deuxième année, on donne aussi des binages et des sarclages. La troisième année, on peut commencer à faire la récolte des produits. Enfin, tous les ans, les mêmes opérations se renouvellent pour l'entretien de cette culture.

CHAPITRE XXVIII

Culture potagère ou maraîchère *(suite)*.

PLANTES DONT ON CONSOMME LES FEUILLES

474. **Chou.** — Les choux se plaisent beaucoup dans les terres légères, fraîches et substantielles. Il leur faut de copieuses fumures, car ils sont très épuisants.

La terre destinée aux choux ne saurait être labourée trop profondément. On sème indifféremment sur vieux labour ou sur un labour récent, pourvu que la terre soit suffisamment fraîche.

Fig. 175. — Chou hâtif de Paris.

Les choux potagers se sèment à peu près à toute époque, car la consommation en est ininterrompue.

Les semis peuvent se faire sur couche, sous cloche, sous châssis ou en pleine terre. Quand ils ont pris suffisamment de développement, on peut les mettre en place.

Les choux se plantent au cordeau et avec le plantoir et à des distances différentes, suivant les variétés. Le plant ne doit être ni trop grêle, ni trop fort. Il faut enterrer le plant un peu au-dessus du collet, car les racines latérales se forment ainsi plus rapidement.

Pendant le temps de la végétation, on donne des arrosages, binages et sarclages, nécessaires au bon entretien de cette culture.

Fig. 176. — Chou Cœur-de-bœuf gros.

Les choux-fleurs, plus délicats que les autres choux,

Fig. 177. — Chou-fleur Lenormand à pied court.

demandent plutôt une terre légère que forte, bien fumée et tenue suffisamment fraîche.

Les choux-fleurs se sèment en septembre, quand on veut avoir du plant à mettre en place dès les premiers jours du printemps ou en été; mais leurs produits sont plus tardifs. Les semis d'été ont lieu, soit en avril, soit en juin. On met les plants immédiatement en place sans les faire passer par une pépinière provisoire, comme cela se fait pour les plants semés en septembre.

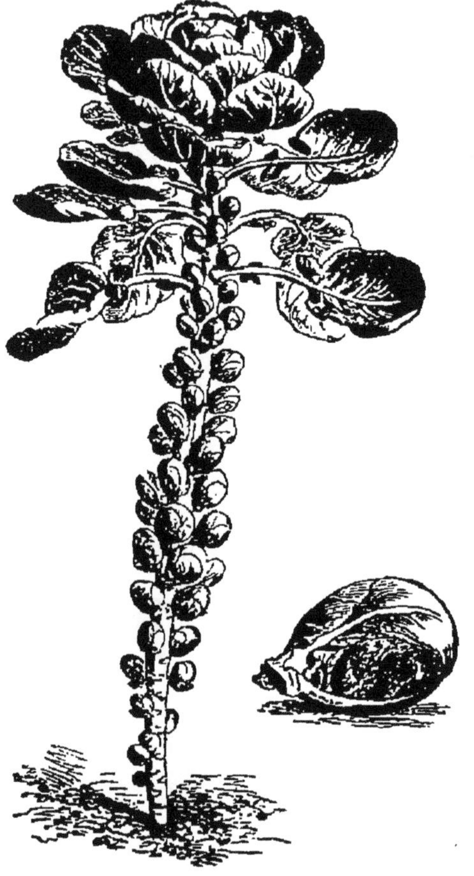
Fig. 178. — Chou de Bruxelles ordinaire.

475. **Cardon.** — Le cardon aime les terres profondes, meubles, fraîches et largement pourvues d'engrais.

La multiplication se fait par graines et les semis ont lieu en avril et mai.

On creuse de mètre en mètre des trous de 0^m30 de profondeur; on les garnit de terreau et on y sème deux ou trois grains que l'on recouvre légèrement. Lorsque les plants sont levés, on n'en conserve qu'un seul.

Quand les feuilles sont suffisamment développées, on les lie ensemble, on butte le pied de la plante et on la recouvre d'un capuchon de paille pour la faire blanchir. A l'entrée de l'hiver, on enlève les cardons en motte et on les dépose dans une cave ou dans une serre froide en les plaçant en tas dans du sable frais.

476. **Chicorée.** — Il existe deux sortes principales

de chicorée : la *chicorée sauvage* et la *chicorée blanche* ou *endive*.

Chicorée sauvage. — La chicorée sauvage vient bien dans toute espèce de sol; on la sème vers la fin d'avril en

Fig. 179. — Cardons de Tours.

pleine terre. Si l'on veut manger les jeunes feuilles, il faut semer épais; dans le cas où l'on veut la faire blanchir, il est préférable de la semer clair.

Pendant la végétation, on doit sarcler et arroser suivant les besoins. La chicorée destinée à blanchir pour fournir les salades d'hiver doit être arrachée en automne.

On dispose dans une cave une couche de terre de 0m50 à 0m60 de largeur et on y étend un lit de racines de chicorée, les têtes tournées en dehors. Le premier lit de chicorée est recouvert par une couche de terreau de quelques centimètres d'épaisseur. On dépose ensuite un deuxième lit de racines que l'on recouvre de la même façon et

Fig. 180. — Chicorée sauvage. Fig. 181. — Chicorée scarole.

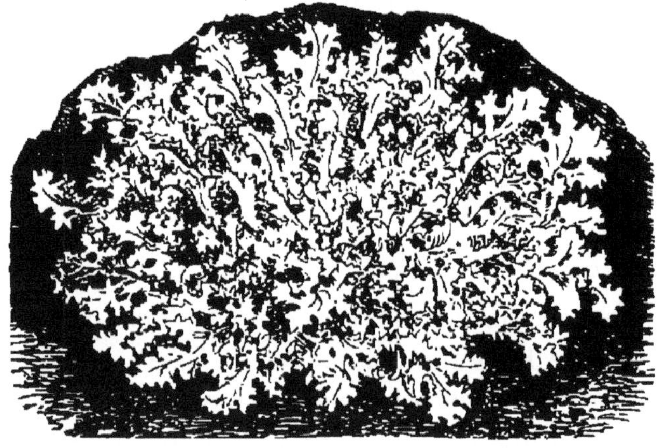

Fig. 182. — Chicorée frisée impériale.

on continue ainsi en diminuant peu à peu la largeur du tas à mesure que les couches s'élèvent.

L'opération terminée, il ne reste plus qu'à arroser de temps en temps. Un mois après le montage du tas, on peut consommer une salade fraîche, saine, de couleur blanche connue sous le nom de *barbe de capucin.*

Chicorée blanche ou endive. — La chicorée endive se sépare au point de vue cultural en deux types distincts : l'un à feuilles amples, à bords peu découpés, désignée sous le nom de *scarole;* l'autre à feuilles très découpées connue sous le nom de *chicorée frisée.*

La chicorée blanche peut se semer sous cloche ou sous châssis depuis janvier jusqu'en mars et en pleine terre de mars jusqu'en août. On facilite la levée des graines par

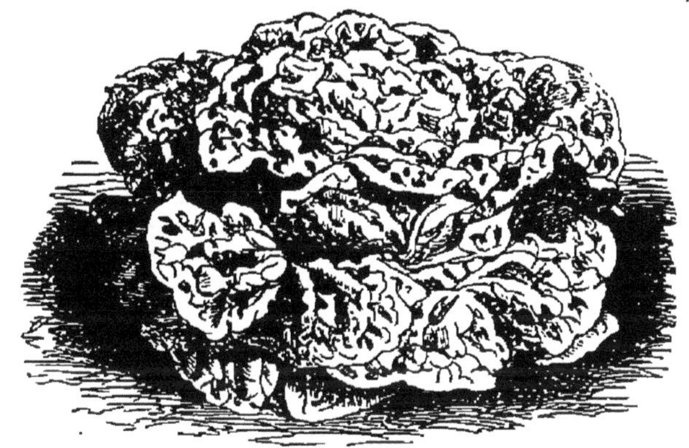

Fig. 183. — Laitue.

des arrosages fréquents. Quand le plant est assez fort, on le repique sur planche bien travaillée en espaçant les pieds de $0^{m}40$ en tous sens. Il faut arroser aussitôt après la transplantation, de manière à faciliter la reprise.

Durant la végétation, il faut arroser fréquemment et avoir soin de maintenir le sol net de mauvaises herbes.

Lorsque la chicorée a atteint tout son développement, on choisit un temps sec pour la lier, de manière à faire blanchir l'intérieur. A partir du moment où l'on a lié la chicorée, il ne faut plus l'arroser qu'au pied, avec le goulot de l'arrosoir. Au bout de 15 jours la chicorée a suffisamment blanchi pour être bien attendrie.

477. **Laitue.** — Le sol qui convient le mieux aux lai-

tues est un sol doux, de moyenne consistance et bien fumé.

Les laitues de printemps se sèment en mars, pour être repiquées à la fin du même mois ou en avril.

Les laitues d'été se sèment depuis le mois d'avril jusqu'en juillet. Les semis précoces, que l'on fait quelquefois en février ou mars, doivent être faits sous châssis. Pour les années ordinaires, on les fait en pépinière bien meuble et bien fertilisée. Quand le plant a acquis assez de force, on le repique en planches dans une terre bien ameublie et en bon état d'engrais. Le repiquage s'effectue avec le plantoir et on arrose ensuite pour bien fixer la plante. Les soins pendant la végétation consistent en sarclages, binages et arrosages. Pour obtenir des feuilles bien blanches, on lie les laitues par un temps sec. Une quinzaine de jours après le liage, les feuilles intérieures sont très blanches.

Fig. 184. — Laitue romaine ou chicon.

478. **Céleri.** — Le céleri se sème sur couche depuis janvier jusqu'en mars et en pleine terre depuis avril jusqu'en juin.

Le céleri aime les terres fraîches ; il ne prospère qu'autant qu'on met à sa disposition une grande quantité d'eau. Les graines doivent être recouvertes légèrement et arrosées souvent ; autrement elles ne lèvent pas. Le semis doit être peu épais, si l'on veut obtenir des plants vigoureux.

Lorsque les plants ont de 0^m08 à 0^m10 de hauteur, on les repique en fosses de 0^m50 de largeur et 0^m30 à 0^m40 de profondeur. Pendant sa végétation, le céleri demande encore de nombreux arrosages et un ou deux binages. Lorsqu'il est complètement développé, on le fait blanchir. On lie d'abord les feuilles par un temps sec et on butte ensuite peu à peu avec de la terre, de manière qu'au dernier buttage il se trouve enterré près de son extrémité foliacée. Sous l'influence du buttage les côtes des feuilles blanchissent et sont d'un goût bien plus agréable.

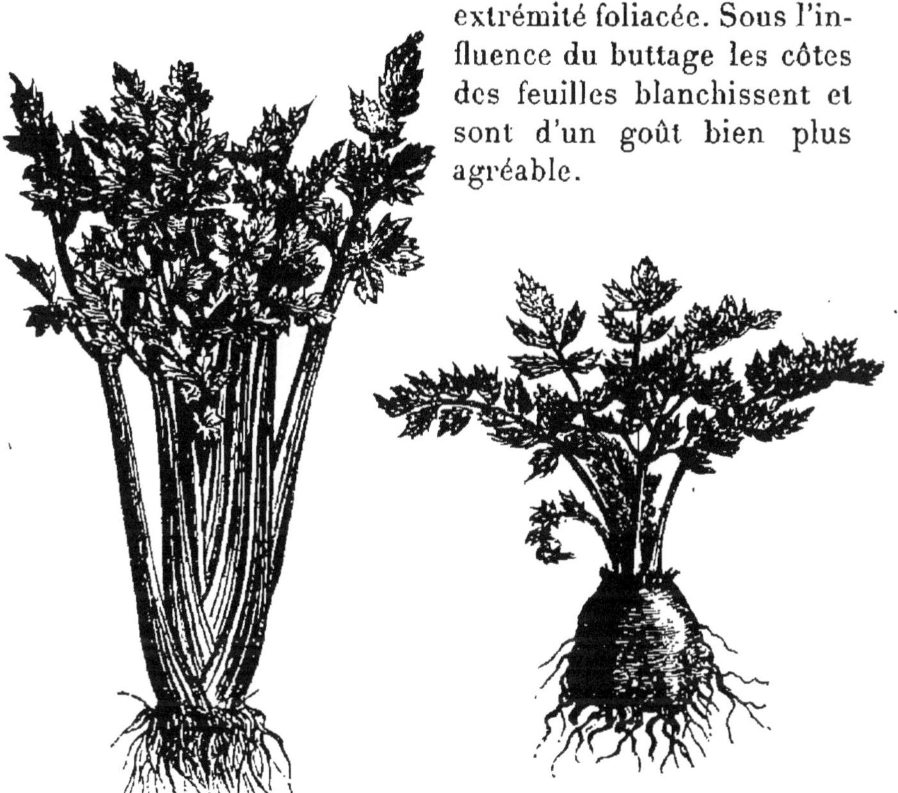

Fig. 185. — Céleri. Fig. 186. — Céleri-rave.

479. **Céleri-Rave.** — Le céleri-rave se cultive comme le céleri ordinaire avec cette seule différence qu'il n'a pas besoin d'être lié ni butté. Cette plante se garde bien pendant l'hiver enterrée dans le sable jusqu'au collet.

480. **Cerfeuil.** — Le cerfeuil ne nécessite aucun soin de culture. Il peut être semé à toute époque de l'année dans n'importe quelle partie du jardin potager.

481. **Persil.** — Le persil se plaît en terre légère, mais il pousse également bien dans les terres franches, quand elles sont bien ameublies.

On le sème depuis le printemps jusqu'à la fin de l'été, en planches, en lignes ou en bordure. La graine doit être à peine recouverte ; il faut arroser très souvent le sol

Fig. 187. — Persil à feuille de fougère.

jusqu'à ce que la plante soit bien levée. On coupe au fur et à mesure des besoins.

Pour conserver le persil en hiver, il faut le couvrir d'une couche de feuilles.

482. **Ciboule.** — La ciboule se multiplie par semis et par éclat ; elle pousse à peu près dans tous les sols.

Les semis se font dans les mois de février et de mars ; on plante en avril et mai ou bien dans le courant de juillet, pour récolter en septembre. On sème à la volée ; la graine doit être fort peu enterrée.

Au moment du repiquage, on met deux ou trois plants dans le même trou à quelques centimètres de profondeur. On espace les pieds de $0^{m}15$ en tous sens.

Pendant la végétation, la ciboule demande quelques binages et quelques arrosages.

La ciboule vivace ne se multiplie que par éclats, que l'on plante à $0^{m}15$ ou $0^{m}20$ en tous sens.

483. **Poireau.** — Le poireau se plaît surtout dans les terres de consistance moyenne et en bon état de fertilité. Les engrais frais ne lui conviennent pas.

Le poireau se sème en lignes ou à la volée depuis les premiers jours de mars jusqu'en juin.

Quand les plants ont atteint un diamètre de deux à trois millimètres, on les arrache et on les repique ensuite, en les mettant à 0^m20 de distance et à 0^m08 ou 0^m10 de profondeur.

Fig. 188. — Poireaux très gros courts de Rouen.

L'arrosage doit suivre immédiatement le repiquage afin d'assurer la reprise.

On doit couper, pendant la végétation, les feuilles du poireau à diverses reprises pour faire grossir la tige.

Un buttage, lorsque le poireau est parvenu à la moitié de son développement, fait allonger la partie blanche du légume.

484. **Epinard.** — L'épinard aime les terres fraîches, bien ameublies et en bon état de fertilité.

Les semis se font depuis mars jusqu'en octobre, en lignes ou à la volée.

La récolte des feuilles a lieu au fur et à mesure des besoins.

Lorsque l'épinard est gelé, ses feuilles sont transparentes et semblent impropres à la consommation. Il suffit

489. **Piment.** — Le piment se cultive plus dans le Midi que dans le Nord; il est surtout employé comme condiment. On le sème en mars ou en avril sur couche ou sur terreau et on le repique ensuite en pleine terre quand les pieds ont quelques feuilles. Le piment peut être cultivé en planches, mais on le cultive ordinairement en bordures en espaçant les pieds de $0^{m}40$ environ. On récolte le piment en vert ou lorsqu'il est complètement mûr. Il n'est guère consommé qu'en vert.

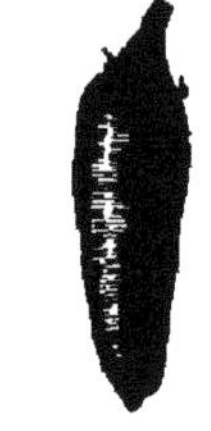

Fig. 194. Piment.

490. **Tomate.** — La tomate peut être semée de février à mai. On doit faire les premiers semis sur couche pour repiquer plus tard quand les froids sont passés. Les semis d'avril et de mai se font toujours sur place, en sol bien préparé et bien fumé.

Les plants venus sur couche sont repiqués quand ils ont de $0^{m}08$ à $0^{m}10$ de hauteur. On met généralement cette plante en bordure en espaçant les pieds de

Fig. 195. — Pied de tomate.

Fig. 196. — Tomate.

$0^{m}75$. Il est bon de donner des tuteurs aux tomates, quand les pieds atteignent une hauteur de $0^{m}30$ à $0^{m}40$. Ces tuteurs servent à attacher les branches qui pourraient être brisées par le poids des fruits. Lorsque les pieds ont produit des fleurs, on arrête l'élongation des tiges en supprimant toutes les pousses secondaires placées au-dessus des fleurs.

Quand les étés ne sont pas chauds, on effeuille avec précaution au fur et à mesure que les fruits mûrissent. Lorsque les plus fortes chaleurs sont passées, on pratique l'effeuillage plus complètement, de manière que tous les fruits soient bien exposés au soleil.

La récolte des fruits se continue jusqu'aux gelées, au fur et à mesure de leur maturité.

491. **Concombre.** — Il existe de nombreuses variétés de concombres; les plus estimés sont les blancs. On cultive surtout les concombres verts pour obtenir des cornichons.

Les variétés hâtives se sèment sur couche chaude en janvier et février; on les repique ensuite sur couche sourde, quand ils ont quatre ou cinq feuilles.

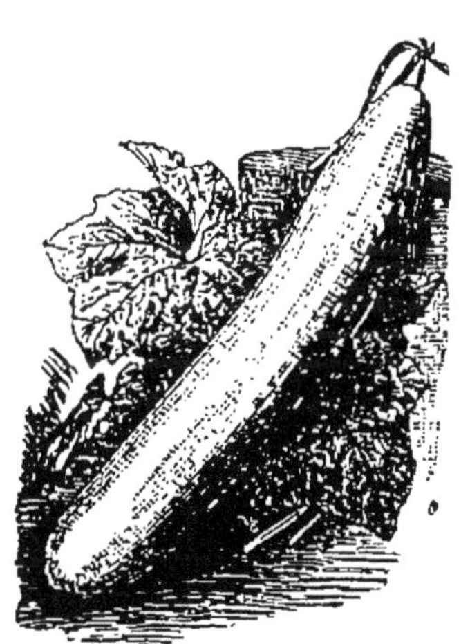
Fig. 197.
Concombre blanc long parisien.

Pour les variétés tardives, on les sème en pleine terre. On ouvre des trous de 0m40 de profondeur à 0m60 les uns des autres et on remplit chacun de ces trous de fumier qu'on recouvre ensuite de 0m15 de terreau. On dépose dans chacun trois graines de concombre.

Lorsque les plants sont bien levés, on garde le pied le plus fort et on supprime les deux autres. On doit tailler les concombres, dès qu'ils ont pris six à sept feuilles. On pince d'abord la tige au sommet, au-dessus du second œil, afin de favoriser la sortie des rameaux à droite et à gauche.

Lorsqu'ils sont suffisamment développés, on les pince au-dessus de la quatrième ou cinquième feuille. On taille ainsi successivement à cinq ou six yeux toutes les branches, puis, quand la branche s'est chargée d'un assez grand nombre de fruits, on choisit les mieux placés et on retranche tous les autres. Pendant leur végétation, les concombres ne demandent que des arrosages, car ils se défendent bien des mauvaises herbes.

Fig. 198.
Cornichons fins de Meaux.

492. **Melon.** — Le melon peut être cultivé de deux manières différentes : sur couche et en pleine terre, sous cloche. La culture du melon sur couche ou culture forcée se fait pour les variétés les plus hâtives.

Les graines de melon sont placées dans des pots que l'on dépose au centre d'une couche chaude.

Lorsque les plants sont levés et qu'ils ont deux ou trois feuilles, on les enlève de la première couche pour les porter sur une nouvelle couche chaude de fabrication récente.

Fig. 199.
Melon sucrin de Tours.

Il faut donner de l'air aux jeunes plants toutes les fois que la température le permet. Un mois après le changement de couche, on procède à la mise en place définitive. Pour cela, on dépote le jeune plant et on le met sur une couche qui a déjà jeté son feu. En le mettant en place, il faut avoir soin de l'enterrer jusqu'aux cotylédons.

Aussitôt que les melons ont quatre feuilles, on les étête au-dessus de la deuxième. Cet étêtement détermine la poussée de branches latérales ; lorsqu'elles se sont développées et ont poussé deux feuilles, on les pince pour faire pousser de nouvelles branches. Ces dernières sont également écimées à deux ou trois yeux. A ce moment de la végétation, les fleurs mâles apparaissent sur les branches secondaires, et, peu de temps après, les branches les plus jeunes se couvrent de fleurs femelles. Quand le fruit est bien formé, on coupe la branche qui le porte à une feuille au-dessus de ce fruit. Il faut supprimer ensuite graduellement toutes les branches qui ne portent que des fleurs mâles, et aussi toutes les branches superflues qui ne portent rien. Pendant tout le temps de la végétation, il faut arroser à discrétion. En traitant ainsi cette culture, on peut se procurer des melons de très bonne heure à partir des premiers jours de mai.

493. **Citrouille et potiron.** — Les graines de citrouille et de potiron peuvent être semées sous châssis ou en pleine terre.

Quand on sème sous châssis, on met les graines en pot dans les mois de mars ou d'avril et on place les pots dans une couche chaude. On transplante les pieds ainsi obtenus dans le courant de mai.

Si l'on veut semer directement en place, il faut attendre que les gelées soient passées. On ouvre de petites fosses de 0^m40 à 0^m50 en tous sens; on garnit le fond de fumier de bœuf et on achève de remplir le trou avec du terreau.

On place ensuite trois graines dans chaque trou. Quand les plants sont levés, on ne conserve que le plus fort et on arrache les autres. Pendant la végétation, il faut arroser fréquemment et abondamment. On peut soumettre ces plants aux opérations de la taille; celle-ci se pratique comme pour les concombres.

Sous le nom de *courges*, on comprend les citrouilles et les potirons.

PLANTES DONT ON CONSOMME LES GRAINES

494. **Fève.** — La fève aime les terres fortes, labourées profondément et fertilisées de vieille date. Cette plante supporte bien les froids; on peut la semer à l'automne ou

semer en lignes, on trace des raies peu profondes à 0m35 de distance les unes des autres et on y répand les haricots, en les espaçant autant que possible à 0m10 environ.

On doit biner les haricots toutes les fois que la terre s'endurcit ou s'enherbe.

Par la sécheresse, les fleurs du haricot peuvent couler; on prévient cela par des arrosages.

Fig. 202.
Haricot flageolet nain hâtif à feuille gaufrée.

Fig. 203.
Pois sans parchemin nain hâtif.

Les haricots que l'on veut manger en vert peuvent être semés de mois en mois à partir de mai.

496. **Pois.** — Les terres franches, bien ameublies, conviennent tout spécialement pour la culture des pois. Les pois viennent mal, lorsqu'ils sont cultivés plusieurs années de suite sur le même sol. Ils viennent toujours très bien, si le sol n'en a pas encore porté.

Dans les pays à hiver doux, on peut semer les pois dès le mois d'octobre. Si les hivers sont rigoureux, il vaut mieux attendre le mois de février ou de mars.

On peut semer de deux façons : en lignes ou en poquets.

Lorsqu'on sème en lignes, on trace des raies à 0^m30 de distance les unes des autres et on espace les graines à quelques centimètres dans les lignes. Si l'on sème par poquets, on forme de petites concavités de 25 à 30 centimètres, dans lesquelles on dépose cinq ou six graines qu'on recouvre de quelques centimètres de terre.

A la levée des graines, on donne un léger binage; plus tard on applique un demi-buttage, lorsque les plantes sont assez fortes pour supporter cette opération.

Pour les espèces grimpantes, il faut, en outre de cette culture, leur donner un léger ramage, composé de petites branches d'arbre sur lesquelles les tiges prennent appui.

Quand les pois ont acquis un développement suffisant, on pince l'extrémité des tiges, afin d'arrêter la végétation foliacée et d'obliger la sève à se refouler vers les fleurs et les fruits déjà formés.

La récolte se fait avec des ciseaux; on ne doit jamais casser les pédoncules à la main.

FIN

TABLE DES MATIÈRES

Paris. — Imp. Paul SCHMIDT, 5, avenue Verdier, Montrouge (Seine).

www.ingramcontent.com/pod-product-compliance
Ingram Content Group UK Ltd.
Pitfield, Milton Keynes, MK11 3LW, UK
UKHW020311230726
13925UKWH00002B/346